(a) 柏木（三）

(b) 早蕨

(c) 夕霧

(d) 鈴虫（二）

口絵 1 「源氏物語絵巻」の絵 4 面

所蔵：(a)(b)徳川美術館，(c)(d)五島美術館

(a) 柏木（三）（源氏の顔）
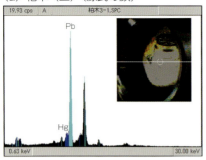

(b) 早蕨（赤衣女房の顔）
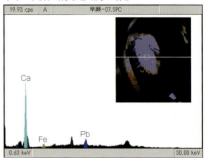

(c) 夕霧（夕霧の顔）
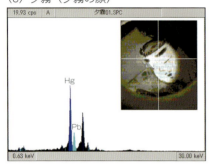

(d) 鈴虫（二）（源氏の顔）
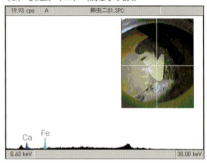

口絵 2　「源氏物語絵巻」の蛍光 X 線スペクトル

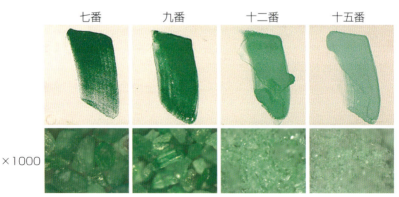

口絵 3　粒度による緑青の色調の違い

(a)「群魚図」　　　　　　(b)「老松白鳳図」

口絵 4　「動植綵絵」の絵 2 面
所蔵：宮内庁三の丸尚蔵館

口絵5 「高松塚古墳壁画」の西壁女子群像（飛鳥美人）

所有：国（文部科学省所管）

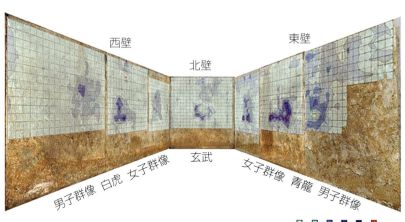

口絵6 「高松塚古墳壁画」の壁面全体のPb分布

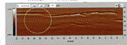
点線 A の断面　　比較的状態が良いと思われる領域．
　　　　　　　　その端部に浮きが見られる．

点線 B の断面　　内部からさまざまな反射があり，この領域
　　　　　　　　はポーラスになりつつあると思われる．

点線 C の断面　　表面からの強い反射は，炭酸カルシウム層
　　　　　　　　と推定される．

点線 D の断面　　欠損部（凝灰岩の露出している部分）は
　　　　　　　　断層になって現れる．

A
B
C
D

時間領域すべての
パワー積分値

口絵 7 　「高松塚古墳壁画」西壁女子群像の THz–TDS 信号

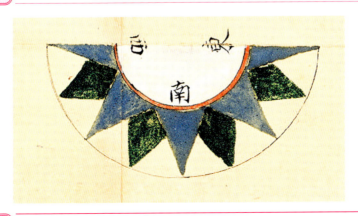

口絵 8 　伊能図「沿海地図 上」のコンパスローズ

表面　裏面　　　　　　　　表面　　　　　　　　　　裏面

口絵 9　「稲荷山鉄剣」

所有：国（文化庁）　写真提供：埼玉県立さきたま史跡の博物館

口絵 10　「鵲尾形柄香炉」

所蔵：東京国立博物館（法隆寺献納宝物，N 280）
Image：TNM Image Archives

| 口絵 11 | 平等院鳳凰堂 全景 |

| 口絵 12 | 平等院「鳳凰像」の構成材料 |

口絵 13　江戸時代に製造された豆板銀　(a)享保豆板銀，(b)元文豆板銀

口絵 14　追戸横穴墓群出土　斑点紋トンボ玉

分析化学
実技シリーズ

応用分析編●7

（公社）日本分析化学会【編】
編集委員／委員長　原口紘炁／石田英之・大谷　肇・鈴木孝治・関　宏子・平田岳史・吉村悦郎・渡會　仁

早川泰弘・高妻洋成【著】

文化財分析

共立出版

「分析化学実技シリーズ」編集委員会

編集委員長 原口紘炁　名古屋大学名誉教授・理学博士

編集委員 石田英之　元 大阪大学特任教授・工学博士

大谷　肇　名古屋工業大学教授・工学博士

鈴木孝治　慶應義塾大学名誉教授・工学博士

関　宏子　元 千葉大学共用機器センター

准教授・薬学博士

平田岳史　東京大学教授・理学博士

吉村悦郎　放送大学教授

東京大学名誉教授・農学博士

渡會　仁　大阪大学名誉教授・理学博士

（50音順）

分析化学実技シリーズ 刊行のことば

　このたび「分析化学実技シリーズ」を日本分析化学会編として刊行すること
を企画した．本シリーズは，機器分析編と応用分析編によって構成される全
30 巻の出版を予定している．その内容に関する編集方針は，機器分析編では
個別の機器分析法についての基礎・原理・装置・分析操作・実施例に関する体
系的な記述，そして応用分析編では幅広い分析対象ないしは分析試料について
の総合的解析手法および実験データに関する平易な解説である．機器分析法を
中心とする分析化学は現代社会において重要な役割を担っているが，一方産業
界においては分析技術者の育成と分析技術の伝承・普及活動が課題となってい
る．そこで本シリーズでは，「わかりやすい」，「役に立つ」，「おもしろい」を
編集方針として，次世代分析化学研究者・技術者の育成の一助とするととも
に，他分野の研究者・技術者にも利用され，また講義や講習会のテキストとし
ても使用できる内容の書籍として出版することを目標にした．このような編集
方針に基づく今回の出版事業の目的は，21 世紀になって科学および社会にお
ける「分析化学」の役割と責任が益々大きくなりつつある現状を踏まえて，分
析化学の基礎および応用にかかわる研究者・技術者集団である日本分析化学会
として，さらなる学問の振興，分析技術の開発，分析技術の継承を推進するこ
とである．

　分析化学は物質に関する化学情報を得る基礎技術として発展してきた．すな
わち，物質とその成分の定性分析・定量分析によって得られた物質の化学情報
の蓄積として体系化された分析化学は，化学教育の基礎として重要であるため
に，分析化学実験とともに物質を取り扱う基本技術として大学低学年で最初に
教えられることが多い．しかし，最近では多種・多様な分析機器が開発され，
いわゆる「機器分析法」に基礎をおく機器分析化学ないしは計測化学が学問と

して体系化されつつある．その結果，機器分析法は理・工・農・薬・医に関連する理工系全分野の研究・技術開発の基盤技術，産業界における研究・製品・技術開発のツール，さらには製品の品質管理・安全保証の検査法として重要な役割を果たすようになっている．また，社会生活の安心・安全にかかわる環境・健康・食品などの研究，管理，検査においても，貴重な化学情報を提供する手段として大きな貢献をしている．さらには，グローバル経済の発展によって，資源，製品の商取引でも世界標準での品質保証が求められ，分析法の国際標準化が進みつつある．このように機器分析法および分析技術は科学・産業・生活・経済などあらゆる分野に浸透し，今後もその重要性は益々大きくなると考えられる．我が国では科学技術創造立国をめざす科学技術基本計画のもとに，経済の発展を支える「ものづくり」がナノテクノロジーを中心に進められている．この科学技術開発においても，その発展を支える先端的基盤技術開発が必要であるとして，現在，先端計測分析技術・機器開発事業が国家プロジェクトとして推進されている．

　本シリーズの各巻が，多くの読者を得て，日常の研究・教育・技術開発の役に立ち，さらには我が国の科学技術イノベーションにも貢献できることを願っている．

「分析化学実技シリーズ」編集委員会

まえがき

　近年，文化財を分析化学的手法によって調査し，その結果がマスコミに取り上げられることが多くなってきた．これまで考古学，歴史学，美術史学など人文科学的な学問が先導してきた分野において，分析化学をはじめとした理化学的なアプローチによって客観的な情報を提示できるようになったことは大変喜ばしいことである．人文科学研究者が機器分析を自ら行い，その結果を学術論文や学会などで発表することも少なくない．しかし，分析化学が専門でない研究者や学生が，分析化学の手法や装置の特性を十分に理解して結果を解釈しているかというと，とても十分であるとは言いがたいのが現実である．

　本書は，分析化学を志す学生や，分析化学が専門でない研究者を対象として，文化財の分析を行う際の基本的な考え方，分析機器の特徴，そして実際の分析例を紹介しながら，分析結果の意味するところをわかりやすく解説するために刊行されたものである．現在，文化財の分析に使われている分析手法は多岐にわたるが，それらを網羅的に紹介することは本書の目的ではない．本書では，両著者が所属する東京文化財研究所・奈良文化財研究所という我が国における文化財研究の中心的機関から近年発表された分析調査の中から，本書の読者にふさわしいと思うものを選択して紹介している．

　「文化財」という言葉を聞いたとき，何をイメージするかは人によって大きく異なる．しかし，「文化財」という用語は文化財保護法によって明確に定義されており，①有形文化財，②無形文化財，③民俗文化財，④記念物，⑤文化的景観，⑥伝統的建造物群の6種に分類される．本書のタイトルは「文化財分析」と名付けたが，本書で取り上げたのはこれら文化財のうちの主として有形文化財だけである．有形文化財，すなわち形あるものはいつか必ず朽ち果てるのが常である．しかし，朽ち果てて無くなるまでの時間をできる限り長く延ばし，傷んだ部分は修理しながら後世に伝え続けるために研究する学問，「保存

iii

科学」という学問が存在している．保存科学の主たる研究対象は唯一無二の
「もの」ばかりであり，その主目的はその「もの」をいかに長く存在させ続け
るかというただ一点に集約される．この目的のために考えられる限りの方策が
検討され，さまざまな学問分野の知識が適用される．その中の一つが本書で紹
介するような分析化学的手法による調査研究である．

　しかし，保存科学という学問あるいはそれに基づいた考え方自体，たかだか
50年程度の歴史があるだけで，決して成熟した学問体系を成しているわけで
はない．研究者も少なく，限られた人材・予算・知識の中で試行錯誤的に日々
研究に取り組んでいる状況である．

　本書では，その研究の一端を紹介するだけであるが，本書の読者の中から，
こんなところにも分析化学が役に立つ分野があるんだということに気が付き，
文化財の世界あるいは保存科学の研究に携わってみようと考える若者が一人で
も出てきてくれることを願う次第である．

　2018年7月

早川泰弘・高妻洋成

目　次

刊行のことば　　*i*

まえがき　　*iii*

Chapter 1　文化財の保護と保存科学　　*1*

1.1　文化財とは　*2*

1.2　文化財保護の歴史　*4*

1.3　「法隆寺金堂壁画」の保存と分析化学　*6*

1.4　「永仁の壺」事件と分析化学　*7*

1.5　文化財研究所の設立と保存科学　*8*

Chapter 2　文化財と分析化学　　*11*

2.1　非破壊・非接触分析の必要性　*12*

2.2　文化財分析の考え方　*14*

2.3　文化財分析の目的　*15*

2.4　文化財分析のタイミング　*16*

2.5　分析値の代表性　*18*

Chapter 3　文化財の分析方法　　*21*

3.1　材料調査手法　*24*

　　3.1.1　表面状態観察　*24*

　　3.1.2　内部構造観察　*25*

　　3.1.3　元素分析　*26*

3.1.4 化合物分析 　26

3.1.5 有機物分析 　27

3.2 考古学的・歴史学的調査手法 　28

3.2.1 年代測定 　28

3.2.2 産地推定 　28

3.3 展示・収蔵環境調査手法 　29

3.3.1 温度・湿度 　29

3.3.2 光・照明 　29

3.3.3 空気環境 　30

3.3.4 生物・カビ 　30

Chapter 4　絵画の分析　　　　　　　　　　　　　　　33

4.1 国宝「源氏物語絵巻」 　34

コラム 日本画の彩色材料について 　39

4.2 伊藤若冲「動植綵絵」 　40

コラム 日本絵画の構造 　46

Chapter 5　古墳壁画の分析　　　　　　　　　　　　　47

5.1 国宝「高松塚古墳壁画」の彩色材料 　48

コラム 「高松塚古墳壁画」の解体について 　54

5.2 国宝「高松塚古墳壁画」の下地漆喰の状態 　55

Chapter 6　絵図・地図の分析　　　　　　　　　　　　59

6.1 国絵図 　60

6.2 伊能図 　65

Chapter 7　金属資料の分析　　　　　　　　　　　　　71

7.1 国宝「稲荷山鉄剣」 　72

7.2 国宝「鵲尾形柄香炉」 　74

コラム 「稲荷山鉄剣」の展示ケース 　75

7.3 国宝 平等院「鳳凰像」　　79

> **コラム**　平等院鳳凰堂の金属部材　　82

7.4 江戸時代の銀貨　　83

> **コラム**　江戸時代の金貨・銀貨の改鋳と品位　　87

Chapter 8　古代ガラスの分析　　89

8.1 古代ガラスの分類方法　　90

8.2 飛鳥寺 塔心礎出土 ガラス玉　　92

8.3 追戸横穴墓群出土 斑点紋トンボ玉　　95

索　引　98

イラスト／いさかめぐみ

Chapter 1
文化財の保護と保存科学

　文化財の分析を学ぶためには，文化財とは何か？　文化財をなぜ分析するのか？　という基本的なことを理解しておく必要がある．本章では，文化財の分析を学ぶための基礎知識として，文化財の定義や文化財保護の歴史について簡単に説明する．

1.1

文化財とは

　現在，「文化財」という用語は広く使われているが，この言葉が使われるようになったのは遠い昔のことではない．「文化財」という用語が明確に定義されたのは，昭和 25 (1950) 年に制定された文化財保護法によってである．この法律はその前年，昭和 24 (1949) 年 1 月 26 日に起きた奈良県法隆寺の金堂火災を契機として制定されたものであり，その目的は，「文化財を保存し，且つ，その活用を図り，もつて国民の文化的向上に資するとともに，世界文化の進歩に貢献すること」と記されている．

　そして，この文化財保護法の中に，「文化財」というものが明確に定義されている．現在の文化財保護法に記載されている「文化財」とは下記の 6 つである．

①有形文化財　　建造物，絵画，彫刻，工芸品，書跡，典籍，古文書その他の有形の文化的所産で我が国にとつて歴史上又は芸術上価値の高いもの（これらのものと一体をなしてその価値を形成している土地その他の物件を含む．）並びに考古資料及びその他の学術上価値の高い歴史資料

②無形文化財　　演劇，音楽，工芸技術その他の無形の文化的所産で我が国にとつて歴史上又は学術上価値の高いもの

③民俗文化財　　衣食住，生業，信仰，年中行事等に関する風俗慣習，民俗芸能，民俗技術及びこれらに用いられる衣服，器具，家屋その他の物件で我が国民の生活の推移の理解のため欠くことのできないもの

④記念物　　　　貝づか，古墳，都城跡，城跡，旧宅その他の遺跡で我が国

にとつて歴史上又は学術上価値の高いもの，庭園，橋梁，峡谷，海浜，山岳その他の名勝地で我が国にとつて芸術上又は観賞上価値の高いもの並びに動物（生息地，繁殖地及び渡来地を含む.），植物（自生地を含む.）及び地質鉱物（特異な自然の現象の生じている土地を含む.）で我が国にとつて学術上価値の高いもの

⑤文化的景観　　地域における人々の生活又は生業及び当該地域の風土により形成された景観地で我が国民の生活又は生業の理解のため欠くことのできないもの

⑥伝統的建造物群　周囲の環境と一体をなして歴史的風致を形成している伝統的な建造物群で価値の高いもの

この中には考古学の分野でよく使われる「埋蔵文化財」という用語は現れてこないが，文化財保護法の中では，「土地に埋蔵されている文化財」として，別項としての記載がなされている.

また，文化財保護法では「重要文化財」，「国宝」という呼び方についても定義づけがなされている．有形文化財のうち重要なものを重要文化財とし，記念物のうち重要なものを史跡，名勝，天然記念物として指定すると書かれている．そして，これら重要文化財および史跡，名勝，天然記念物のうち特に重要なものを国宝，特別史跡，特別名勝，特別天然記念物に指定すると記されている.

これら文化財の中で分析化学の対象になるのは通常，有形文化財だけである．無形文化財の演劇で使われる衣装や，音楽で使われる楽器などが分析対象になることはあるし，記念物の古墳から出土した遺物を分析することも多いが，衣装や楽器，あるいは出土遺物それ自身は有形の文化財として位置付けることができる．一方，無形文化財の演劇や謡を映像として記録し，その動作の解析や筋肉の動きなどを分析する試みも始まっている．無形文化財の分野に分析化学が寄与できる日が来るのもそう遠くないかもしれない.

1.2 文化財保護の歴史

　文化財保護法で定義されるような文化財の概念が出来上がったのは最近のことであり，「文化財」という用語がもつ意味も時代によって変わっている．例えば，前節の⑤文化的景観は，平成16（2004）年の文化財保護法の改正の際に創設された新たな文化財の概念であり，棚田や里山などがこれに含まれる．

　我が国における，文化財保護の最初の取り組みは，明治元（1868）年に神仏分離令が発せられ，これをきっかけとして全国各地で廃仏毀釈運動がおこり，各地の寺院や仏堂の破壊が行われ，多くの歴史的・文化的な遺物が失われたことにある．これに対して，政府は明治4（1871）年に「古器旧物保存方」を発し，伝世している古器旧物を保全すべきことを通達するとともに，その品目と所蔵人を政府に報告するよう指令した．明治17（1884）年頃からは文部省が中心となって古美術の保存状況調査に着手し，明治21（1888）年には宮内省に臨時全国宝物取調局が設置され，九鬼隆一が責任者，岡倉天心らが中心となって9年間にわたり全国の古社寺を中心とした宝物の調査が行われた．宝物の破損や散逸の危機を避けるための保存施設の必要性が説かれ，明治22（1889）年に東京の図書寮付属博物館が帝国博物館（現在の東京国立博物館）として開館した．それに続いて，明治28（1895）年に帝国奈良博物館（現在の奈良国立博物館），明治30（1897）年に帝国京都博物館（現在の京都国立博物館）が開館した．

　これらの調査結果をもとに，明治30（1897）年には古社寺保存法が制定された．これは現在の我が国の文化財保護制度の原型をなすものであり，建造物や宝物類の維持修理が不可能な古社寺に対して保存金を出したり，特別保護建造物や国宝の処分や差押を禁止するなどの規定を設けた．古社寺保存法では保護の対象になっていなかった史蹟や天然紀念物を保護するために大正8（1919）

Chapter 1 文化財の保護と保存科学

年には史蹟名勝天然紀念物保存法が制定され，さらに古社寺以外の城郭建築や旧大名家などが所蔵する宝物類を保護する目的で，昭和4 (1929) 年には古社寺保存法が廃止され，新たに国宝保存法が制定された．これらの法的規制が存在していても，戦中戦後の混乱期には多くの文化財の散逸や海外流出が生じた．

そんな中，大正5 (1916) 年に法隆寺壁画保存方法調査委員会が設置され，壁画保存の方法が検討され，写真の撮影，壁体の構造調査，顔料の調査と剥落止めの手法が検討された．昭和9 (1934) 年には法隆寺国宝保存協議会が作られ，法隆寺伽藍の大修理が始まる．金堂の修理が始まる昭和14 (1939) 年には歴史・美術・保存科学分野の研究者らで組織された法隆寺壁画保存調査会が発足した．これと相前後する形で始まったのが金堂壁画の模写である．そしてその途中，昭和24 (1949) 年1月26日に法隆寺金堂火災が発生し，金堂壁画が焼損する事態が発生する．この火災をきっかけとして昭和25 (1950) 年に制定されたのが文化財保護法である．文化財保護法は，その後何回かの改正が行われ，現在の「文化財」の概念が形成されるに至っている．

現在，その文化財保護法の一部を改正する議論がなされていることを付け加えておく．近年における文化財の公開に対する社会的ニーズの高まりなどを背景に，これからの文化財の保存と活用の在り方について専門家による議論が行われている．平成29 (2017) 年12月には，「文化財の確実な継承に向けたこれからの時代にふさわしい保存と活用の在り方」が文化審議会文化財分科会から答申され，国宝や重要文化財などの公開の在り方，あるいはこれからの文化財の保存と活用に関する方策などが提示された．文化財の材質・形状・保存状態などの特性を十分把握した上で，毀損の可能性の低い文化財は公開期間の延長を認めるなど，文化財の公開に関する取扱要項の改訂も行われる見込みである．さらに，美術館や博物館などの機能強化，地域振興・観光振興との連携，保存活用を図る専門的人材の育成など，これまでにない新たな文化財への考え方が盛り込まれている．

1.3

「法隆寺金堂壁画」の保存と分析化学

　法隆寺の金堂火災は文化財の保存を考えるうえで大きな転機であったが，それに先立つ法隆寺の壁画の保存調査は，文化財と分析化学のつながりを考えるうえでも大きな意味がある．すなわち，分析化学が文化財の分野で活躍できることを示した最初の事例と位置付けることができる．

　昭和9 (1934) 年から始まった法隆寺国宝保存協議会においては法隆寺の建造物に使用されている石材や木材について顕微鏡観察，光学的調査，化学分析が行われ，石材の堅牢度合いや脆弱部の評価，木材の同定や水素イオン濃度（pH）の測定などが報告されている．建造物塗料の定性分析が湿式化学分析を用いて行われ，使用顔料の推定も行われた．

　また，昭和14 (1939) 年からは金堂解体修理の検討が進められ，壁画の取り外し，顔料の剥落防止の検討がなされた．その中で，顔料の同定が化学分析によってわずかに行われた．詳細な調査・分析は模写の完成後に行うよう計画されていたが，昭和24 (1949) 年1月26日の金堂火災によって大部分の顔料が変色したり変質したり，一部は焼損してしまった．もちろん，火災後には顔料の変化や変質あるいは壁体の変化が詳細に調査され，報告がなされている．湿式化学分析を中心とした当時の分析化学が活躍し，客観的なデータを提示することで，火災後の金堂壁画をいかに保存するかということに関して大きく貢献した．文化財の彩色材料を総合的に調査した初めての事例でもあり，文化財保存に分析化学が大きく貢献した例として記憶されている．

　焼損した金堂は，柱や梁などの建築部材，釈迦如来や薬師如来が描かれていた壁面などがすべて取り外され，保存・強化処置が行われた．その後，法隆寺内に設置された収蔵施設に，焼損前の金堂と同じ配置に再構成されて保管されてきた．それ以降，この焼損金堂および壁画はほとんど一般公開されることも

Chapter 1 文化財の保護と保存科学

なく現在に至っているが、平成27 (2015) 年に法隆寺金堂壁画保存活用調査委員会が設置され、焼損壁画・焼損建築部材の保存活用、およびその保存環境に関する総合的な調査が行われることとなった。保存科学、美術史、建築史など多くの研究者が参加して、その貴重な文化遺産の保存と活用に向けたさまざまな調査が現在も展開されている。

1.4 「永仁の壺」事件と分析化学

「法隆寺金堂壁画」の保存に分析化学が貢献できることが明らかになるのと相前後して、いくつかの文化財に対して分析化学的アプローチが行われている。例えば、昭和23 (1948) 年から始まった正倉院の宝物調査の中では、中国や東南アジアからもたらされたと考えられる薬物の組成分析調査が、化学分析と分光分析によって行われている。昭和25 (1950) 年からは顔料の調査も行われ、蛍光反応を利用したり、X線透過撮影や発光分光分析法の適用も行われている。それ以外にも、X線、紫外線、赤外線、化学分析を駆使した醍醐寺五重塔や平等院鳳凰堂の壁画の彩色材料調査、あるいは国宝「源氏物語絵巻」の顔料調査などが実施されている。また、それ以降には、分析化学における技術の進歩とともに、蛍光X線分析や発光分光分析、原子吸光分析などによる青銅鏡や銅鐸の組成分析、さらにはガラス製品に関するX線回折分析など当時最先端の機器分析法も積極的に適用された。

そんな中で分析化学の有効性が世の中に広く知られる事案が発生する。「永仁の壺」事件である[1]。昭和34 (1959) 年に「永仁二年」(1294年) の銘が入った瓶子が、鎌倉時代の古瀬戸の傑作であるとして国の重要文化財に指定されたが、この瓶子が贋作ではないかとの疑念が呈され、蛍光X線分析が実施されることになった。鎌倉時代に製作されたとされる真の古瀬戸と、昭和になって

7

作られた焼物の破片について，波長分散型蛍光X線分析装置を用いて表面の釉薬（ゆうやく）の分析が行われた．その結果，SrとRbの検出強度比をとると，真の古瀬戸ではSr-Kα/Rb-Kα<3であるのに対し，昭和の作品はSr-Kα/Rb-Kα>5という違いが見いだされ，これは釉薬原料の長石や木灰（きばい）に由来するためと推定された．重要文化財に指定されていた「永仁二年」銘の壺から得られたSr-Kα/Rb-Kα値は5.80と7.22（2か所を測定）であり，古い鎌倉時代の真の古瀬戸とは認めがたいという結果が得られた．表面の凹凸を明瞭に観察することができる位相差顕微鏡による観察，あるいは熱残留磁気の測定なども行われ，いずれも鎌倉時代の作とは認めがたいとの結果が得られた．昭和35（1960）年に陶芸家 加藤唐九朗が自身が製作したと表明したこともあり（唐九朗の長男あるいは次男の作ではないかという説もある），「永仁の壺」は昭和36（1961）年に国の重要文化財の指定を解除されることとなった．

　この事件は，分析化学が文化財の分野で役に立つということを広く知らしめたという点で，文化財と分析化学を結びつける重要な接点である．

1.5 文化財研究所の設立と保存科学

　昭和24（1949）年1月26日に法隆寺金堂火災が発生し，これをきっかけとしてその翌年，昭和25（1950）年に文化財保護法が制定されたことは1.2節の通りである．文化財の研究に科学的な方法を適用する重要性も認識されるようになり，昭和27（1952）年東京文化財研究所の設立（前身は昭和5（1930）年設立の帝国美術院美術研究所）に伴い，保存科学部が設置されることとなる．「保存科学」という用語は，今でもあまり広く知られているわけではないが，「文化財保存学」あるいは「文化財保存科学」とほぼ同義に用いられ，自然科学的手法を活用して文化財を適切に保存・管理・維持していく学問と位置付け

Chapter **1** 文化財の保護と保存科学

られている．「保存科学」という名前を冠した組織は，東京文化財研究所が最初といわれており，設立当初の保存科学部には化学・物理・生物の3研究室が置かれた．化学研究室では早くから蛍光X線分析装置やX線回折分析装置が設置され，分析化学的アプローチが行われていた．

　一方，東京文化財研究所保存科学部が設立された昭和27（1952）年には，奈良県平城宮跡が特別史跡に指定されたことに伴い，平城宮遺跡の横に奈良文化財研究所が設立されている．東京文化財研究所が有形文化財（1.1節の定義を参照）の保護に重点を置いたのに対し，奈良文化財研究所は，記念物や伝統的建造物あるいは埋蔵文化財の保存・修復・整備に重点を置き，遺跡の発掘・整備や遺物の保存処置，あるいは古建築・古美術品などの保存管理の中心的組織としての役割を担うこととなった．昭和49（1974）年には，奈良文化財研究所にも埋蔵文化財センター保存修復科学研究室が設置され，分析化学的手法をはじめとしたさまざまな理化学機器が導入され，自然科学的アプローチが進められることとなった．

　現在，東京文化財研究所と奈良文化財研究所は，独立行政法人国立文化財機構に属している．この機構には国内にある4つの国立博物館（東京・京都・奈良・九州国立博物館）と，無形文化遺産の保存を目的としたアジア太平洋無形文化遺産研究センターの計7施設が属し，我が国の文化財保護行政の基盤を支える役目を担っている．

参考文献

1）江本義理：『文化財をまもる』，アグネ技術センター（1993）

Chapter 2
文化財と分析化学

　文化財に関する研究はこれまで考古学，歴史学，美術史学，民俗学などといった人文科学的な学問が先導してきた．しかし，分析化学をはじめとした理化学的なアプローチでしか得ることのできない客観的な情報が非常に重要であることが広く認識されるようになり，文化財分野における分析化学の役割はますます高まっている．本章では，文化財を分析する際に考えるべきこと，注意すべきことについて説明する．

2.1

非破壊・非接触分析の必要性

　分析化学が学際分野で利用され，その学問の発展に大きく貢献した例は数多く知られている．文化財の分野もその一つであるが，文化財に分析化学的手法を適用しようとした場合，他の分野にはない特殊性が大きな障害となる．その一つが，文化財の分析は非破壊・非接触が基本となることである．試料採取や資料の移動など[†]，文化財に少しでもダメージを与える行為はできる限り避けなければならない．資料の移動に伴う物理的な振動によって亀裂や損傷が生じてしまうこともあるし，木製品や漆工品などでは温度や湿度の変化によってゆがみや亀裂が生じる危険性もある．ましてや建造物や大型の彫刻などでは資料を動かすことが不可能な場合もあり，非移動までを考えなければいけないことも少なくない．

　さらに，ミクロレベルでの非破壊性ということを考える必要もある．分析化学的手法によって文化財を分析するためには，資料と分析機器との間で何らかのエネルギーのやり取りが必須である．分析装置から発射された電磁波や物理的な力によって資料にエネルギーを与え，何らかの化学的・物理的反応の結果として資料から発生したエネルギーをシグナルとして検出する．実はこのエネルギーのやり取りが文化財にとっては大変厄介なのである．エネルギーをやり取りするということは，何らかの化学的・物理的反応が生じている証拠であ

[†]　本書では「資料」と「試料」という用語を厳密に使い分けている．「資料」とは有形の「もの」そのものを指し，建造物，絵画，工芸品，書籍，典籍，古文書などはすべて文化財「資料」である．一方，「試料」は分析化学における「分析試料」としての意味合いが強く，「資料」から分析を目的として「試料」を採取する，などという表現がなされる．英語表記では，「資料」は object，「試料」は sample という単語をあてると理解しやすいかもしれない．

り，資料の表面あるいは内部で生じるこれらの反応が資料の劣化に直結してしまう危険性がある．見た目には何も変化が生じていない分析であっても，原子や分子のレベルではエネルギーの授受や移動が生じているわけであり，ミクロレベルで考えたときには非破壊分析という概念はまったく成立しない．そのことを理解していながら，見た目に変化がないという意味での非破壊分析を行っているわけである．すなわち，文化財の分析では，分析するという行為によって資料を劣化させている可能性があるということを十分認識したうえで，分析に臨む必要がある．分析装置から発射される電磁波のエネルギー量を小さくしたり，分析時間を短くするなど，ミクロレベルでの破壊をできる限り小さくする努力が必要なのである．

また，非接触分析という観点から文化財の分析で問題となるのは，文化財には複雑な形状の資料が多く，その一部分のみを測定しなければならないことが多いことである．例えば，古代の青銅器の一部分に発生した錆だけを分析したいとか，あるいは立体的な彫刻について，複雑な形状の凹部にだけ極少量残存している顔料の分析をしたいとかというケースが多く，非接触での分析が困難であることも少なくない．

見た目で何も変わっていなければ「非破壊」なの？ミクロレベルまでを考えたときに，本当の非破壊分析ってあるのかな？

2.2 文化財分析の考え方

　これらの技術的な問題に加えて，文化財を分析する際に直面するもう一つの特殊性は，「今，分析すべきかどうか」という判断が必要とされることである．文化財の中には，数百年あるいは千年以上経過しているものも少なくない．これらの資料を，なぜ今分析しなければならないのかを問うことが必要とされる．分析するためには，資料との間で何らかのエネルギーのやり取りが必要であり，眼に見えないまでも，必ず資料にダメージを与えることになる．千年の時を経て継承されてきた資料は，今後さらに千年は保存するという気概が必要である．今，何も影響が現れていないからといって，千年後に何もダメージが現れないとは誰も断定することはできない．このことを考えると，分析はできる限り先送りすることが望ましいという判断になる．将来には，現在よりも進化した分析機器が開発され，資料へのダメージが少ない分析手法が必ず出現する．その時を待って分析したのではいけないのかという問いである．「今，分析をする」と判断するからには，その分析によって得られる情報が，資料にダメージを与えるリスクを明らかに上回っていると誰もが納得できなければならない．こういった点が，工業分析などとは決定的に異なる点である．「技術的な問題がクリアーされたからといって，むやみに分析すべきではない」という考え方が文化財分析では必要とされる．

　このような状況の中で分析化学が目指すべき道は，いかにこれらの特殊性を克服し，安全に分析を行えるかという点に集約される．すなわち，資料へのダメージを極力小さくして，いかに有効な情報を得るかという点に最大限の努力を払うべきである．ダメージを低減させるためには，より低エネルギーの入射プローブを選択することが必要であり，非破壊・非接触という点に関しては可搬型機器によるその場分析などが選択肢として挙げられる．

Chapter **2** 文化財と分析化学

2.3

文化財分析の目的

　そこまでのリスクを理解している中で，文化財という貴重な遺産を分析する目的は何なのか，この点を明確にしておくことも重要である．「永仁の壺」事件に代表される真贋判定に威力を発揮することはわかるが，本物だとわかったからといってその資料や作品の保存に役立つ情報が得られるわけではない．

　現在，さまざまな文化財に対して数多くの分析が行われるようになっているが，その目的は次の3つに分けて考えることができる．

　　①文化財の価値（考古学的，歴史的，美術史的）を明確にするため

　　②文化財を修理・修復する際に，同じ材料・技法を利用するため

　　③文化財を保存・保管するための最適な環境条件を設定するため

　①は文化財がいつ，どこで，誰がどのような材料・技法によって製作したものであるかを明確にすることで，考古学的，歴史的，美術史的な価値を正確に把握することが目的である．「永仁の壺」事件において適用された蛍光X線分析の役割はこの①に属するが，真贋判定が目的であったわけでなく，その作品の材料評価が第一の目的であった．

　また，文化財は数十年から数百年の間隔で何らかの修理や修復が行われることが多く，②はその修理や修復に伴って行われる分析的な調査を指している．文化財の修理や修復では，強固な新材料を使ったりすると元の材料との強度差が大きくなり，劣化や損傷を促進してしまうことがある．そのため，資料に使われている材料や技法を正確に知り，それと同等の材料・技法で修理・修復を行うために分析的調査を実施する．

　③は博物館や美術館などで文化財を保存・保管あるいは展示する際に，最適な温湿度や照明環境あるいは固定方法などを設定するために，使われている材料や構造，あるいはその劣化状態を正確に把握することが目的である．

15

2.4 文化財分析のタイミング

「文化財」の中には多種多様な資料が含まれ，遺跡から出土した発掘資料から，人の手によって大切に受け継がれてきた伝世品まで，その来歴もさまざまである．現在，これらの文化財に対して，分析化学がどういうタイミングでどのような分析をしているのかを示したのが図 2.1 である[1]．遺跡から発掘された資料は，急激な環境変化によるダメージを避けるために，発掘後直ちに何らかの応急処置がとられるのが普通である．通常はシリカゲルや脱酸素剤などと一緒に密閉容器に保管する程度の簡単な処置であるが，発掘資料に対して施される最初の人為的処置であり，その処置いかんによっては資料に重大な影響を及ぼす可能性もある．しかし，この段階では分析化学が関与する場面はほとん

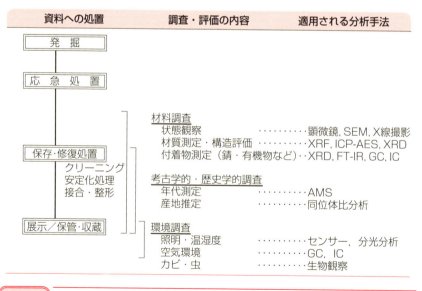

図 2.1　文化財と分析化学の関わり

どないのが現状である．今後，発掘現場において土壌分析や水質分析あるいは有機物の影響まで含めた環境分析などをその場で実施することができるようになれば，最適な応急処置方法を選択する上で大きく貢献できることになるだろう．

　出土資料に対する修復・保存方針が決定されると，本格的な修復作業に移る．資料を長期間保存する上でふさわしくない泥土や錆を慎重に除去した後，脱塩処理や樹脂含浸などの化学的処置が施され，断片資料に対しては接合・整形が行われる．この段階は分析化学が寄与する場面も多く，資料の材質や状態の分析がX線分析をはじめとする各種の元素・状態分析法あるいは構造解析手法を用いて行われている．

　保存・修復処置が完了した資料は博物館や美術館あるいはその他の機関において展示・保管・収蔵されることになるが，資料の価値を決定する上で重大な影響を及ぼす材質や構造の調査，さらには年代測定や産地推定に関する分析が行われるのも通常はこの段階である．2.3節の文化財分析の目的①に応じた分析である．

　博物館や美術館などに収蔵された資料は，通常数十年あるいは百年を超えた期間，保管されることが予想され，その間に傷みの程度に応じた修復処置が施される．その際に，資料に使われている材料や技法を正確に知るためにさまざまな元素分析・状態分析・構造解析手法による分析的調査が実施される．2.3節の文化財分析の目的②に応じた分析が行われるのがこのタイミングである．

　展示・保存・収蔵場所においては，空気環境や温湿度の管理あるいは照明方法の検討が定常的に行われる．空気環境の評価には各種のガス分析手法が広く用いられ，照明方法の評価では分光分析法などが駆使されている．2.3節の文化財分析の目的③に応じた分析である．

2.5

分析値の代表性

　これは文化財の分析に限った話ではないが，大量の分析試料がある場合，その中のいくつかを抽出して分析した結果が試料全体を代表しているのかどうか，という分析値の代表性が問題になる．大きな分析試料について，その一部分だけの分析結果が試料全体の代表値になり得るのかどうか，というのも同様の問題である．分析に携わる研究者ならば誰もが悩む問題である．

　文化財分析の中で，抽出分析では全体を代表しない典型的な例を一つ紹介する．東京文化財研究所では，1980 年頃から鉛同位体比を利用した青銅原料の産地推定に関する研究が精力的に行われてきた．これまでに日本をはじめ，東アジア地域一帯から出土した青銅製品数千点に関する鉛同位体比データを集積するに至っている．これまでに数多くの成果が報告されているが，その中の一つに抽出分析の難しさを物語る分析例がある．出雲神庭荒神谷遺跡出土の銅剣に関する分析結果である．この遺跡からは昭和 59（1984）年，358 本の銅剣が整然と並んで発見され，大きな話題をよんだ．その材質調査が東京文化財研究所を中心に行われ，358 本すべての銅剣から約 1 mg の錆を採取して鉛同位体比の測定が行われた．測定結果を図 2.2 に示す[2]．この図からは，A26 という銅剣のデータだけが他とは異なる位置にプロットされ，残り 357 本の測定結果は，やや広がりはあるものの，まとまりのある一群としてプロットされていることがわかる．この測定結果の解釈としては，A26 という銅剣 1 本だけが違う場所で作られ，これをサンプルとして鋳型を作り，別に供給された材料によって 357 本の銅剣を鋳造したと考える説が唱えられている．

　この分析例で重要なことは，358 本という大量の分析試料に対して，抽出分析ではなく，全数分析を行ったことである．350 を超える試料すべてを分析することは並大抵のことではない．これだけ大量の試料を目の前にすると，通常

18

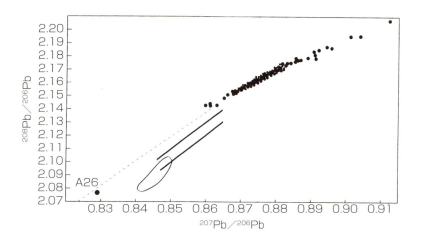

図 2.2 神庭荒神谷遺跡出土銅剣の鉛同位体比図（参考文献 2 より引用）

A26 のみが朝鮮半島の鉛を含む.

はその中からいくつかを抽出して分析し，それらのデータが，あるまとまりの中で整理できればその平均値を代表値としてしまうことが多い．しかし，この出雲神庭荒神谷遺跡出土銅剣の分析において，抽出分析を行っていたならばA26 を抽出する可能性は低く，その特異性を見出すことはできなかったと思われる．

　文化財の世界では，この例のように全数分析を行うことで大変重要な結果が得られるケースが少なからず存在している．大量生産の工業製品に対して抽出分析が効果をもたらすのとは対照的な，全数分析の必要性が重要であることを示す大変よい実例である．

参考文献

1) 早川泰弘："考古学と分析"，ぶんせき，**311**，pp.652–657（2000）
2) 馬淵久夫，江本義理，門倉武夫，平尾良光，青木繁夫，三輪嘉六："神庭荒神谷遺跡出土青銅器の非破壊分析と鉛同位体比測定"，出雲神庭荒神谷遺跡，**1**，pp.171–186，島根県教育委員会（1996）

Chapter 3
文化財の分析方法

　文化財の材質や構造，さらには年代測定や産地推定の研究などに関して，分析化学はその基礎段階から大きな役割を果たしてきた．最近では，加速器質量分析やDNA解析など最新の分析技術が積極的に適用され，考古学的・歴史学的な新発見が次々となされている．加速器質量分析によるC14年代測定法によって，弥生時代の開始年代がこれまで考えられていたよりも大きく遡る結果が得られたことなどは記憶に新しい．本章では，文化財の分析に適用されている代表的な分析手法を簡単に紹介する．

　文化財に使われている材料は多岐にわたる．無機化合物も有機化合物もあり，さらにはそれらが組み合わされて一つの文化財を形成していることも少なくない．こういった文化財を非破壊・非接触で分析することは大変難しいが，分析技術の進歩によって，さまざまな分析例が報告されるようになっている．次頁の表3.1には代表的な分析手法について，その適用例や特徴，注意点を簡単にまとめた．

表 3.1　文化財調査で用いられる主な分析方法

調査項目	目的	分析方法	対象	適用例	特徴	注意点
	表面状態観察	実体顕微鏡	絵画、彫刻、工芸品、染織品などほとんどの文化財	絵画の絵具粒子の観察。製品の腐食生成物の観察	試料をそのままの状態で1000倍程度まで観察可能	照明の仕方によって、見え方が大きく異なることがある
		走査電子顕微鏡	絵画、彫刻、工芸品、染織品などからの剥落片や採取試料	顔料粒子の微細構造観察。金属試料中の介在物観察	10万倍程度までの高倍率の試料観察が可能	微小試料を真空中の試料室で観察する必要がある
		蛍光撮影	絵画、染織品など	絵画の絵具調査、劣化状態調査	作品の最表面に存在している有機物の分布を可視化する	励起光や紫外光を遮断して、微弱な蛍光を検出する必要がある
		エミッシオグラフィー	絵画、工芸品など。X線撮影ができない壁画など	絵画の絵具材料、工芸品や刀剣の象嵌調査	作品の最表面に存在している重元素の分布を可視化する	絵画などの表面にフィルムを密着させる必要がある
		オートラジオグラフィー	ガラス製品	古代ガラスの種類判別	試料中に含まれている放射性物質からの放射線を検出	放射性物質が含まれていない資料へは適用できない
		赤外線撮影	絵画、木簡など	絵画の下描き、木簡や板材の文字	炭素や黒鉛など赤外線吸収の大きい部分を可視化する	赤外線が到達する深さまでのすべての情報が可視化される
材料調査	内部構造観察	X線（γ線）透過撮影	絵画、彫刻、工芸品、建造物、発掘遺物など	絵画の絵具材料・厚み、木彫像の胎内調査。金属製品の亀裂調査	イメージングプレートなどの普及で迅速な画像確認が可能	X線の遮蔽に対する措置が必要
		X線CT	彫刻、工芸品、発掘遺物など	木彫像の3次元構造、金属製品や陶磁器の3次元構造	文化財専用の縦型、横型装置が開発されている	高エネルギーX線を長時間照射する必要がある
		THz波イメージング	漆喰、石材など	古墳壁画面の漆喰層の観察	文化財調査に適用できる装置が開発されている	複数種の材料で構成されている試料への適用は難しい
	元素分析	蛍光X線分析	絵画、彫刻、工芸品、染織品などほとんどの文化財	絵画や彫刻の絵具材料調査、金属製品の材料組成分析	短時間で元素の定量・定性分析が可能。可搬型機器も普及	大気中の分析では軽元素の検出ができない
		EPMA	絵画、彫刻、工芸品、染織品などからの剥落片や採取試料	金属の腐食生成物の元素マッピング。漆工品の断面観察と元素分析	SEM観察を行いながら、元素分析やマッピング分析が可能	微小試料を真空中の試料室で分析する必要がある
		ICP-AES	絵画、彫刻、工芸品、染織品などからの剥落片や採取試料	顔料中の微量成分分析	微小試料で多元素同時分析が可能。微量成分まで高精度に分析	微小試料を適切な試薬を用いて溶解する必要がある
		放射化分析	絵画、彫刻、工芸品、染織品などからの剥落片や採取試料	顔料の組成分析、顔料中の微量成分分析	微小試料で多元素同時分析が可能。微量成分まで高精度に分析	試料を放射化させることのできる原子炉などの施設が必要

Chapter 3　文化財の分析方法

大分類	中分類	分析方法	対象	用途	特徴	留意点
考古学的・歴史学的調査	化合物分析	X線回折分析	絵画、彫刻、工芸品、染織品などからの剥落片や採取試料	金属の腐食生成物の同定。絵画の絵具層顔料の同定	無機化合物の物質同定が可能。可搬型機器も近年開発された	試料の表面状態の影響が大きい。微量成分の同定は難しい。最表面の分析が困難である
		オージェ電子分光分析	金属片、固体試料	貨幣表面の深さ方向の同定	最表面の元素分析、深さ方向の分析が可能	真空中での分析が必要。最表面の層の分析である
		ラマン分光分析	絵画、染織品、発掘遺物など	壁画顔料の分析、漆工品に含まれる顔料分析	無機・有機物質の同定が可能	レーザー照射による試料への影響を考慮することが必要である
		反射分光分析	絵画、発掘遺物など	絵画の染料分析、顔料同定	染料など有機化合物の同定が可能。測色も可能	表面状態の影響が大きい。下層の物質の影響も受ける
	有機物分析	蛍光分光分析	絵画、染織品、発掘遺物など	絵画の染料分析、色調同定	可視光、紫外線照射により、有機化合物の検出・可視化が可能	微弱な蛍光反応を感度よく検出する技術が必要
		赤外分光分析 (FT-IR)	絵画、染織品、発掘遺物など	絵画材料の分析、膠着材・接着剤の分析	有機化合物の同定や変質を分析。可搬型機器も開発された	微量成分の検出は困難。スペクトル解析はライブラリとの照合
		GC,GC-MS,LC, LC-MS,IC	工芸品、染織品などからの剥落片や採取試料	絵画の膠着材・接着剤の分析、接着剤の分析	有機化合物を分離し、高感度分析が可能	試料採取、前処理が必要
	年代測定	C14 測定 (AMS)	工芸品、染織品、発掘遺物など	土器や木材片の分析、漆成分の分析	微少量試料で分析できる	試料採取や前処理の際の汚染、夾雑物の混入に注意
		年輪年代測定	木材、木製品	建造物の木材分析	年輪の変動パターンを照合	基準となる標準年輪変動パターンとの照合が必要
	産地推定	同位体比分析	金属製品、顔料	青銅器の産地推定、朱の産地推定	鉛同位体比、硫黄同位体比に分析	試料前処理に熟練を要する
展示・収蔵環境調査	温度・湿度	温度計・湿度計	展示ケース、展示室、収納箱	特別展での環境計測	目的に応じて測定原理の異なる計測器を採用	測定方式・機器による誤差を認識し、十分な較正をすること
	光・照明	照度計	展示ケース、展示室	展示照明の設定	視感度補正などがなされている	照度だけでなく、色温度や演色性を評価することが必要
		分光照度計	展示ケース、展示室	展示照明の設定	波長ごとの放射照度を測定可能	場所や角度がわずかに異なるだけで測定結果が異なる場合がある
	空気環境	検知管、試験紙	展示ケース、展示室、収納箱	特別展での環境計測、ケース内での金属腐食	現場で直ちにガス種や濃度レベルを知ることができる	正確な濃度を知ることはできず、他のガス種に反応することも
		IC,GC,GC-MS	展示ケース、展示室、収納箱	特別展での環境計測、ケース内での金属腐食	ガスのサンプリングが必要である	サンプリングの仕方によって測定結果が異なる場合がある
	生物・カビ	ATP 測定	展示ケース、展示室、収納箱	収納時の生物被害調査、カビの発生対策	微生物の生理活性を評価	微生物を同定することはできない
		DNA 解析	木材、土壌などの有機物素材	古墳内微生物の調査	微生物を属・種レベルで解析可能	微生物の分離培養が必要

3.1

材料調査手法

3.1.1

表面状態観察

　文化財の調査において，まず初めに行うべきことは，どんな材料でできているかを知ることである．表面がどうなっているか，内部はどういう構造か，どんな元素で構成されていて，どんな化合物構造を有しているのか，これらのことを突き止めないと，作品の保存・修理・展示など文化財に関するあらゆる行為を進めることができない．

　表面状態の観察には，まずは低倍率の実体顕微鏡が用いられる．文化財をそのまま観察するには，照明は透過光方式ではなく同軸落射方式が用いられることが多い．最近では，持ち運び可能なデジタルマイクロスコープが用いられることも多く，交換レンズによって1000倍程度までの拡大観察が可能で，撮影深度の異なる画像を自動合成できる機種もある．さらに微細なレベルの観察が必要で，試料採取が可能であったり，剥落片が利用可能なときは，走査電子顕微鏡（SEM）が利用される．顔料粒子の微細構造や金属試料中の介在物の観察など適用例は多いが，試料を真空にした試料室に設置する必要がある．

　近年，文化財の調査手法の中で大きな注目を浴びているのが蛍光撮影である．退色して認識できない絵画の有機染料や，接着剤の劣化状況など，目で見てもわからない情報を可視化できる手法として注目されている．東京文化財研究所により文化財への適用が進められてきたが，励起光（可視光あるいは紫外光など）や外光を完全に遮断した状態で，微弱な蛍光だけを検出するには熟練した撮影技術が要求される．

　エミシオグラフィーは，被写体に写真フィルムを密着させ，フィルムを通して高エネルギーX線を照射し，被写体からの二次電子によってフィルムを感

光させて画像を得る手法である．東京文化財研究所により文化財への適用が進められ，絵画の顔料調査などに活用されてきた．しかし，高エネルギー X 線を照射する必要があることなどの理由で，最近適用例は少ない．

オートラジオグラフィー（AR）は，試料中に含まれている放射性物質から放出される β 線や γ 線によって感光体に画像（オートラジオグラフ）を作成する手法で，生物学や医療研究でよく用いられている．文化財分野での適用例は少ないが，奈良文化財研究所により古代ガラス玉の種類判別に用いられた例が報告されている（8.1 節参照）．

3.1.2

内部構造観察

作品の内部構造を観察するには，透過力の優れた赤外線や X 線を使うことが多い．赤外線撮影は炭素や黒鉛など赤外線吸収の大きい部分を可視化する技術として古くから使われている手法であり，遺跡から発掘された木簡に書かれていた文字の可視化などに活用されている．絵画や屏風の修理などでは，下張紙に書かれている文字や画像を可視化した例などもある．

X 線透過撮影も文化財の分野では古くから使われてきた技術である．木彫像の胎内調査や青銅器の亀裂調査など適用例は多い．近年は，フィルムではなくイメージングプレートなどのデジタル撮影方式が主流であり，現像機も小型化して，現場での撮影後，すぐに撮影画像を確認できるようになっている．

文化財の調査に最近活用されているのが X 線 CT である．文化財専用の縦型・横型装置が開発され，九州国立博物館，東京国立博物館などに導入され，彫像や金属製品，陶磁器などの 3 次元構造の観察で大きな成果を挙げている．ただし，詳細な画像を得るために高エネルギー X 線を長時間照射する必要があり，文化財に与えるダメージを十分考慮して適用することが必要である．

テラヘルツ（THz）波イメージングは物質の内部構造を知ることのできる新しい手法として注目されている．THz 領域のパルス波を照射し，その反射波を時間分解することで，表面からある深さの断層画像を得ることができる．奈良文化財研究所を中心に文化財への応用研究が進められ，「高松塚古墳壁画」の漆喰層の状態観察に適用された（5.2 節参照）．

3.1.3
元素分析

　文化財の分野で，元素分析の中心的手法として活用されているのは蛍光X線分析（XRF）である．非破壊・非接触で短時間に元素の定性・定量分析を行うことができ，最近では可搬型やハンドヘルド型の機器も普及し，その利用範囲が拡大している．大気中の分析では軽元素が検出できない欠点があるが，装置先端からHeガスパージを行うなどの工夫により，軽元素に対する検出感度を高めた機器も出現している．

　電子プローブマイクロアナライザー（EPMA）は微細な部分の元素分析やマッピング分析に用いられる．SEMとほぼ同じ原理・構造の機器であり，SEMに元素分析機能を付加した走査電子顕微鏡エネルギー分散型X線分析（SEM-EDS）と同等の機能を有する．金属の腐食生成物の元素マッピングや漆工品の断面観察など多くの文化財調査に適用されている．

　高周波誘導結合プラズマ発光分光分析（ICP-AES）は試料を適切な試薬を用いて溶解する必要があるが，剥落片や採取試料が利用可能な場合は，微小（微量）試料で多元素同時分析が可能で，大変有効である．金属の組成分析や顔料中の微量成分分析などに適用されている．より高感度分析が可能な高周波誘導結合プラズマ質量分析（ICP-MS）を用いて，顔料中の微量元素の存在量から原料の産地推定を行った研究もある．

　放射化分析も微小（微量）試料で多元素同時分析ができる代表的な分析手法であるが，試料を放射化させることのできる原子炉などの施設が必要であり，最近の適用例は少ない．

3.1.4
化合物分析

　無機化合物の分析に主として用いられているのはX線回折分析（XRD）である．文化財の分野で分析化学が適用され始めた頃から使われており，化合物同定のために蛍光X線分析と一緒に用いられることが多い．金属の腐食生成物の分析から絵画の絵具顔料まで幅広く適用されている．最近では大きな文化財資料をそのまま分析できる大型試料室を有した装置や可搬型の機器も開発されている．

オージェ電子分光分析（AES）は試料最表面の元素分析，さらにはイオンスパッタリングを併用して表面近傍の深さ方向分析を行うことができる．文化財への適用例は多くないが，江戸時代の金貨や銀貨の表面近傍の元素分布を明らかにし，貨幣の色揚げを立証するために用いられた（7.4節参照）．

ラマン分光分析は無機・有機化合物いずれの物質同定にも適用されるが，レーザー光を照射することによる資料への影響を考慮する必要がある．日本での適用例は壁画顔料の分析や漆工品に含まれる顔料分析などに限られるが，欧米では多数の分析例が報告されている．

3.1.5

有機物分析

金属や絵画顔料といった無機化合物の分析に比べ，有機物の分析例はこれまであまり多くなかったが，近年分析技術の進歩とともに報告例が増えている．

反射分光分析は白色光を照射し，その反射光を検出するという単純な理論に基づくものであるが，測色も可能である．絵画や染織品に用いられる有機染料の同定などに適用例が多いが，試料の表面状態や下層物質の色が透けている場合にはその影響を受けてしまう．

蛍光分光分析は表面状態観察に用いられる蛍光撮影を発展させたものである．蛍光撮影では蛍光反応の違いを可視化するだけであるが，蛍光分光分析では分光スペクトルの取得により有機物の物質同定まで行うことができる．

赤外分光分析（FT–IR）は絵画，染織品，発掘遺物などの分析に広く用いられている．微量成分の検出は困難であるが，得られた分光スペクトルをライブラリと照合することで有機化合物の同定や変質を分析することができる．近年，可搬型機器も開発され，適用範囲が拡大している．

ガスクロマトグラフィー（GC），ガスクロマトグラフ質量分析（GC–MS）は有機物を何らかの方法でガス化し，分離カラムによって分離し分析する方法である．GC–MSでは微量の有機物分析が可能である．近年，熱分解を用いた熱分解ガスクロマトグラフ質量分析（PyGC–MS）による漆の分析により，漆産地の違いによる成分の相違が明らかにされている．また，液体クロマトグラフィー（LC）やイオンクロマトグラフィー（IC）などの手法が染料分析に適用されている例がある．

3.2

考古学的・歴史学的調査手法

3.2.1

年代測定

C14年代測定法は，以前はβ線測定法が中心であったが，現在は加速器質量分析（AMS）が主流である．AMSはβ線測定法に比べて1000倍以上感度がよい．AMSでは試料量は1mg程度と少なくてよいが，それゆえ試料採取や前処理の際の汚染や夾雑物の混入に十分な注意が必要である．弥生時代の開始年代がこれまで考えられていたよりも大きく遡るという報告など，次々と新しい知見を提示している．

年輪年代測定は気候による年輪幅の変動パターンから年代を決定する分析手法であり，奈良文化財研究所が中心となって研究が進められてきた．樹種ごと，地域ごとに作成された標準年輪変動パターンとの比較照合が必要であるが，パターンが合えば木材の伐採年を1年単位で突き止めることも可能である．一方，標準データが存在しない場合は年代推定が困難である．

3.2.2

産地推定

材料の産地推定に用いられているのはもっぱら同位体比分析である．現在，文化財の分野で研究が進められているのは2種類あり，一つは鉛同位体比を使った青銅産地の推定，もう一つは硫黄同位体比を使った朱の産地推定である．鉛同位体比の研究については東京文化財研究所が中心となって進められてきたもので，これまでに数千データが蓄積されている．

Chapter **3** 文化財の分析方法

3.3

展示・収蔵環境調査手法

3.3.1

温度・湿度

　文化財を長期間保存・管理していく上で，温度と湿度の管理は大変重要である．複数の材料で構成されている資料では，膨張率の違いや含水率の変化によって，変形や亀裂が発生することもある．また，温度・湿度の変化によって表面に結露が生じたりするとカビが発生するなどの問題も生じる．文化財を安全に保存するための温度と湿度の条件については，IIC（国際文化財保存学会），ICOM（国際博物館会議），ICCROM（文化財保存修復研究国際センター）などから推奨値が提示されており，紙や木製品については相対湿度55〜65％（温度20℃），金属製品などについては相対湿度45％以下（温度20℃）が望ましいとされている．

　文化財が保存・保管されている場所の温度と湿度を適切に管理するためには，最適な機器による定期的な測定が必要不可欠である．博物館や美術館の展示室内や展示ケースでは毛髪式温湿度計が広く使われている．一方，電池駆動で小型の温湿度データロガーも普及し，特別展などではリアルタイムで温湿度のモニターを行う場合もある．いずれの機器を用いる場合も，使用前には十分な較正が必要である．

3.3.2

光・照明

　文化財を展示する際に，温度・湿度とともに気を付けなければいけないのは光である．絵画の顔料や染料が紫外線によって変色・退色してしまう例は多数報告されており，熱線を含んだ赤外線によって資料の温度が上昇することもよ

く知られている．通常，博物館や美術館で用いられる照明では，できる限り紫外線・赤外線を放射しないものが使われている．照度を測るためには，フォトダイオードを検出器として用い，入射した光の量に応じて発生した電流を計測する方式の照度計が用いられることが多い．通常，人間の目の分光感度特性と計測器の特性を合わせる補正（視感度補正）がなされている．

　分光特性を詳細に知りたいときには分光光度計による測定を行うこともある．博物館や美術館の照明では，色温度や演色性にも配慮する必要がある．演色性とは，照明によって異なる色の見え方を評価する指標であり，どこまで自然光での見え方に近い色に見えているかを判断するものである．

3.3.3
空気環境

　博物館・美術館の展示室や展示ケースの気密性がよくなり，外気や塵埃の影響は格段に小さくなった．一方，展示ケースなどでは内部の空気の入れ替えがほとんど生じないため，構成部材から有害ガスが発生した場合，ケース内に置かれた文化財に影響を及ぼすほど高濃度になることがある．これらのガスの分析には各種のガス分析法が用いられている．現場で直ちにガス種や濃度レベルを知りたいときには，検知管や試験紙法が採用される．

　より詳細に微量の含有成分まで定性・定量分析する場合には，展示室や展示ケース内のガスをサンプリングしたり，吸着させたりして，IC や GC-MS によって分析される．サンプリング方式には，ポンプを使って捕集する方法（アクティブサンプリング）と，捕集器を一定時間放置する方法（パッシブサンプリング）があるが，いずれの場合もサンプリング場所やサンプリングの仕方によって測定結果が大きく異なる場合がある．有害ガスは展示室や展示ケース内で均一に存在していることは少なく，ある部分に高濃度で滞留していることが多いからである．

3.3.4
生物・カビ

　日本のように高温多湿な環境下で文化財を安全に保存・保管していくために

は，生物への対策も重要である．1960年代から殺虫・殺菌を目的に，臭化メチルと酸化エチレンの混合ガスによる燻蒸が行われてきたが，現在の博物館や美術館における生物対策の中心は総合的害虫管理（IPM）という考え方である．複数の防除法を組み合わせ，害虫密度をあるレベル以下に減少させるとともに，そのシステム管理を行うという考え方である．衛生管理や清掃といった日々の基幹的防除法を軸に，副次的防除法として燻蒸などを併用する．

博物館や美術館の展示室や展示ケース内の生物の生理活性を評価するには，アデノシン三リン酸（ATP）測定法が用いられる．これは生物の細胞内に存在するATPを酵素と反応させて発光させ，その発光量から活性度を評価するものである．綿棒などで資料ケースの表面を拭ってサンプリングを行うことから，ATP拭き取り法とよばれることもある．

高松塚古墳や装飾古墳のいくつかではカビなどの微生物被害を大きく受けたが，これらの調査では微生物の属・種レベルの分析にDNA解析が使われた．微生物の分離培養が必要で，分析・解析には時間を要するが，壁画の修復に用いる材料への影響や殺菌剤の効果を調べるのに非常に有効である．

文化財の保存に適した環境というのは，実は人が快適に過ごせる環境とほとんど同じなんだ．博物館や美術館の展示室や収蔵庫は，温度が22～24℃くらい，相対湿度が40～60%くらいに保たれていることが多いよ．

Chapter 4
絵画の分析

　本章では，文化財の中でも絵画作品に対象を絞り，分析化学によって新たな知見が得られた分析例を2つ紹介する．いずれも近年の分析化学技術の進歩によって実現した分析であり，10～20年前では実現し得なかったものである．

　日本の絵画は紙や絹に，天然の鉱石を原料とする顔料や，植物・動物由来の染料による着色を行うことが特徴である．これらの彩色材料を特定するための分析が最近よく行われている．彩色材料を特定することで，その絵画が作られた背景や製作年代，あるいは製作者などに関する情報が得られることがある．

4.1

国宝「源氏物語絵巻」

　国宝「源氏物語絵巻」（口絵1）は，11世紀中頃に紫式部が著した長編小説「源氏物語」を題材として，その約100年後（12世紀中頃）に描かれたと考えられる平安時代の紙絵を代表する絵画の一つである．「源氏物語」のさまざまな場面を絵画化した絵と，その場面を解説した詞書が交互に配された絵巻物として製作され，「源氏物語」五十四帖の各帖に対して1～3枚の絵が描かれ，当初は絵だけでも100枚程度は存在したと考えられている．しかし，現存している絵は19枚に過ぎず，これらの絵は現在は一図ごとに切り離されて額装として桐箱に厳重に保管されている．「源氏物語絵巻」の作者としては，藤原隆能の名が江戸時代以降言い伝えられてきたが，記録上，隆能と「源氏物語絵巻」を結び付ける直接的な手がかりはなく，現在では作者は不明とされている．「源氏物語」を絵画化した例は歴史上多数見受けることができるが，国宝に指定されているのはこの絵画ただ一つである．

　現在，「源氏物語絵巻」は徳川美術館（愛知県）に絵15面，詞28面，五島美術館（東京都）に絵4面，詞9面が所蔵されている．両美術館に所蔵されている絵19面に対して，彩色材料や描写方法に関する調査が行われた[1)2)]．彩色材料の調査に用いられたのがポータブル蛍光X線分析装置である．分析の様子を図4.1に示す．「源氏物語絵巻」の大きさは台紙を含めても最大横60×縦35 cm程度であり，これを木板上に載せ，分析装置の設置台を兼ねた厚さ10 mmのアルミニウム製架台の下部に置いて測定を行った．使用したポータブル蛍光X線分析装置は，分析計本体の重量が5 kg程度で，エネルギー分散型蛍光X線分析計を基本としたものである．X線照射径を直径2 mmに絞り込み，分析計のX線照射ヘッドから「源氏物語絵巻」までの距離を約1 cmに設定して分析を行った．すべて非接触での分析である．

Chapter **4** 絵画の分析

図4.1　ポータブル蛍光X線分析装置による「源氏物語絵巻」の分析の様子

　分析は大気中で行うため軽元素を検出することはできないが，日本絵画で古くから使われている顔料については，そのほとんどの主成分元素を検出することが可能である．一方，染料についてはその多くが有機化合物であるため，構成元素を検出することは困難で，染料の存在を蛍光X線分析で確認することはできない．日本絵画に使われている代表的な顔料・染料と，それを蛍光X線分析で分析した際の検出元素を表4.1に示す．

　さらに，蛍光X線分析で絵画を分析する際に気を付けなければいけないのは，分析深さについてである．絵具の重ね塗りが行われている場合には，上層および下層の材料の両方が検出される．表面に見えている色とは異なる色の絵具が下層に塗られていることもあるので，蛍光X線分析の結果だけでは彩色材料を特定することが困難な場合もあり，顕微鏡レベルの観察や他の分析手法による調査が必要とされることもある．

　「源氏物語絵巻」の調査では，人物の顔や肌に関する分析結果について大きな成果が得られた．現存している「源氏物語絵巻」の絵19面の中には総勢約90人の人物が描かれている．そのほとんどの人物の顔および肌部分の測定を行ったところ，次に示す4種類の白色材料が使用されていることが初めて明らかになった．

表 4.1		日本絵画に使われている代表的な彩色材料と検出元素	
色	種類	材料名	蛍光 X 線分析での検出元素
白	顔料	白土（$Al_2O_3 \cdot 2SiO_2 \cdot 2H_2O$）	−
		鉛白（$2PbCO_3 \cdot Pb(OH)_2$）	Pb
		胡粉（$CaCO_3$）	Ca
赤（橙）	顔料	ベンガラ（Fe_2O_3）	Fe
		辰砂（HgS）	Hg
		鉛丹（Pb_3O_4）	Pb
	染料	茜	−
		臙脂，ラック	−
		蘇芳	−
		紅花	−
（紫）		紫根	−
黄	顔料	黄土（$Fe_2O_3 \cdot nH_2O$）	Fe
		密陀僧（PbO）	Pb
		石黄（As_2S_3）	As
	染料	鬱金	−
		刈安	−
		黄蘗	−
		梔子	−
		藤黄	−
（茶）		柿渋	−
緑	顔料	緑青（$CuCO_3 \cdot Cu(OH)_2$）	Cu
青	顔料	群青（$2CuCO_3 \cdot Cu(OH)_2$）	Cu
	染料	藍	−

① Pb を主成分とする白色

　人物の顔や肌を表現するために，最も多用されている材料である．多くの場面の多くの登場人物から見出された．鉛白（$2PbCO_3 \cdot Pb(OH)_2$）など Pb を主元素として含む顔料であることが推測される．この材料が見出された箇所の多くからは，微量の Hg が検出された．Hg は Hg 系赤色材料（辰砂，HgS）に由来していると考えられ，顔や肌は白色ではなく，わずかに赤色を感じさせる程度の色調として描かれていたことがわかった．測定結果の一例

として，口絵2(a)に「柏木（三）（源氏の顔）」から得られた蛍光X線スペクトルを示す．

②Caを主成分とする白色

徳川美術館所蔵の「横笛」と「早蕨」の2場面の一部だけから検出された．Pbがほとんど検出されず，Caを第一主成分とする白色である．他の場面からこの材料は見出されない．使われているのは胡粉（$CaCO_3$）などCaを主元素として含む顔料であることが推測される．Ca系白色材料は平安時代には絵画にはほとんど使われていないが，江戸時代以降は絵画の白色材料の中心として使われている．このため，この調査によってCaが検出された部分は，江戸時代以降に補彩がなされた可能性が高いと考えられた．測定結果の一例として，口絵2(b)に「早蕨（赤衣女房の顔）」から得られた蛍光X線スペクトルを示す．

③Hgが大量に検出される白色

徳川美術館所蔵の「橋姫」および五島美術館所蔵の「夕霧」の2場面だけで見出された．「橋姫」，「夕霧」ともに登場人物すべてで見られるわけではなく，一部の人物（その場面の主人公あるいは中心人物）にだけ使われている．Hgを主元素として含む白色顔料はこれまでほとんど知られておらず，この調査で得られた大きな成果の一つである．測定結果の一例として，口絵2(c)に「夕霧（夕霧の顔)」から得られた蛍光X線スペクトルを示す．

Hgを主成分とする彩色材料としては，赤色の辰砂がよく知られているが，これを用いたのでは現在見られる白色を描き出すのは非常に困難である．Hgを主成分とする白色の彩色材料は，我が国の美術史の中でこれまでほとんど議論されたことがなく，顔料としての記録もほとんどない．これまでにさまざまな資料や文献の調査を行ったところ，製造が比較的容易な水銀化合物の中に，塩化第一水銀（Hg_2Cl_2）という白色物質が存在し，奈良時代にはその製法が中国から伝わり，江戸時代頃までは「白きわ」という顔の生え際を美しく見せるための化粧用具として用いられていたことがわかってきた[3]．ただし，この物質は光により容易に黒変してしまう欠点がある．現時点では，実際に化粧用具として使われていた材料が絵画の絵具としても使われた可能性を考えることができる．

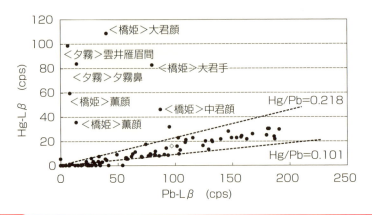

図4.2 「源氏物語絵巻」登場人物の顔・肌部分の Pb–Hg 強度の相関関係

④主成分元素が検出されない白色

　見出された場面は多くはないが，いくつかの場面の登場人物に見られる．五島美術館所蔵の「鈴虫（二）」の場面（2000円札の裏面に描かれている場面）では描かれている6人の男性すべてがこの材料で描かれている．Alや Si を主成分とする白土が用いられていると考えられるが，大気中の分析ではこれらの元素を検出することが困難なため，主成分がまったく検出されない結果となった．測定結果の一例として，口絵2(d)に「鈴虫（二）（源氏の顔）」から得られた蛍光X線スペクトルを示す．

　現存する19面の絵の中に登場する人物の多くは上記①のPbを主成分とする白色によって描かれており，それらの箇所からは微量のHgが同時に検出される．PbとHgの検出強度の関係（Pb–Lβ と Hg–Lβ）を調べた結果が図4.2である．Pb検出強度が大きくなるとHg検出強度も増加していることがわかる．ばらつきの範囲はHg/Pb＝0.10～0.22程度である．Pbを鉛白に，Hgを辰砂に由来すると仮定したとき，これらを重量比9:1で混合した絵具はHg/Pb＝0.16という値を示し（図4.2中の◇），両直線のほぼ中央に位置する形となった．この絵具の色調は，まさに肌色を描き出すのに相応しい，ほんのりと赤みを帯びた色である．

また，これらの右肩上がりの傾向からはずれ，左上方に見られるプロットは，上記の4種類の白色の中の③Hgが大量に検出される白色の箇所である．Pbを主成分とする白色とは明らかに異なる傾向を示しており，異なった材料であることが推測される．

「源氏物語絵巻」は平安時代を代表する絵画だね．当初は100枚以上の絵があって，いくつかの工房で分担して描いたと考えられているんだ．

それだから，使われている絵具が違っているのかな？

日本画の彩色材料について

　日本絵画の彩色材料は，無機化合物を主体とする顔料と，有機化合物主体の染料に大別して考えることができる．顔料は鉱石などの固体を細かく粉砕したもので，通常は水には溶けない．そのため，彩色材料として用いるには，油や膠といったいわゆる展色剤に混ぜて使う必要がある．一方，染料は植物の茎や根から煮出したものや，動物の体液などを採取したものを原料とし，水溶性のものが多い．染料は繊維や紙と化学結合しやすく，染織品や染紙などに広く使用される．染織品では，染色の過程で鉄や明礬（みょうばん），木灰（きばい）を併用して媒染を行うことも多い．

　天然の鉱石などを粉砕して作る顔料は，粒度によってその色調が大きく変化し，粒子が大きいと濃い色を呈し，粒子が細かくなるほど白さが増すのが一般的である（口絵3）．例えば，緑色顔料として広く使われてきた緑青は孔雀石という鉱石を原料とし，粒子が大きいと濃い緑色を呈するが，粒子が細かくなると薄い緑色になり，これを白緑と呼ぶこともある．さらに熱を加えることで黒色に近い色調を作り出すことができ，これを焼緑青と呼ぶこともある．

4.2

伊藤若冲「動植綵絵」

　宮内庁三の丸尚蔵館が所蔵する「動植綵絵」(口絵4)は江戸時代の絵師伊藤若冲(1716-1800年)が描いた全30幅の大作である．画面の隅々にまでさまざまな動物や植物が生き生きと描き出され，特に鶏の描写が多いことが特徴である．この絵画は，京都の相国寺に伝わる若冲筆「釈迦三尊像」の荘厳画として描かれたもので，完成後は相国寺の法要で30幅すべてが飾られた記録が残っている．明治22(1889)年に皇室に献上され，それ以降現在まで宮内庁で大切に保管されてきた．しかし，製作から200年以上が経過し(その間に何回かの修理が行われていると思われるが，修理記録はまったく残っていない)，絵具の剥落や絹地の傷みが目立つようになり，平成11〜16(1999〜2004)年度の6ヵ年にわたって修理が行われた．その修理に際して，使われている絵画材料(絵具，接着剤，本紙素材など)を把握し，最適な材料によって修理を行うことを目的として非破壊・非接触の分析調査が行われた[4]-[7]．

　絵画の大きさは縦140×横80 cm程度で，掛軸に仕立てられている．この大きさの絵画を据置型機器の試料室に入れて分析することは困難であり，非破壊・非接触という条件で分析可能な機器はきわめて限定的である．小型の可搬型機器しか選択肢がなく，まず適用されたのは蛍光X線分析である．ポータブル蛍光X線分析装置による分析の様子を図4.3に示す．分析計本体を昇降リフターの上に設置し，装置を絵画の直前約1 cmまで近づけて分析を行うため，リフターには十分な安定性が要求され，装置の操作には細心の注意が必要である．

　「動植綵絵」は絹(絵絹もしくは画絹という)に絵具で彩色が施されたものであり，絹本着色(著色と書くこともある)画とよばれる．絹本の絵画では，絹地の裏面にも彩色を施している場合があり(裏彩色という)，表面からの分

Chapter 4 絵画の分析

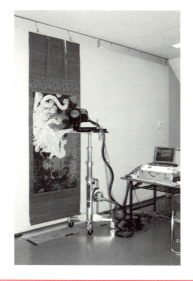

図 4.3　ポータブル蛍光 X 線分析装置による「動植綵絵」の分析の様子

析であっても，裏面の絵具が同時に分析される．得られた分析結果に対して，表面彩色の情報なのか裏面彩色の情報なのかを判断するには十分な検討が必要である．

「動植綵絵」の蛍光 X 線分析では，彩色材料に関して多くの情報を得ることができた．白色，赤色，黄色，茶色，緑色，青色などについて全 30 幅に使われている材料を詳細に特定することができた．伊藤若冲は「動植綵絵」全 30 幅を描くのに約 10 年の歳月を費やしたと考えられているが，その 10 年間に彩色材料がどのように切り替わっていったかという点についても明らかにすることができた．例えば，白色絵具については全 30 幅で使われているのは Ca 系白色顔料（胡粉）ただ 1 種類であるが，赤色絵具については Hg 系赤色顔料（辰砂）が 10 年間を通して使われているのに対し，製作時期後半になると Hg 系赤色顔料（辰砂）に Pb 系赤色顔料（鉛丹）を少量混ぜた赤色絵具が使われたり，Fe 系赤色顔料（ベンガラ）が併用されたりするなど，赤色のバリエーションが増えることがわかった．また，青色については 30 幅の多くで Cu 系顔料（群青）が使われていたが，製作最終期に製作された一幅の絵画（口絵 4 (a)「群魚図」）の中にだけ Fe を主成分とする青色顔料が見出される結果が得

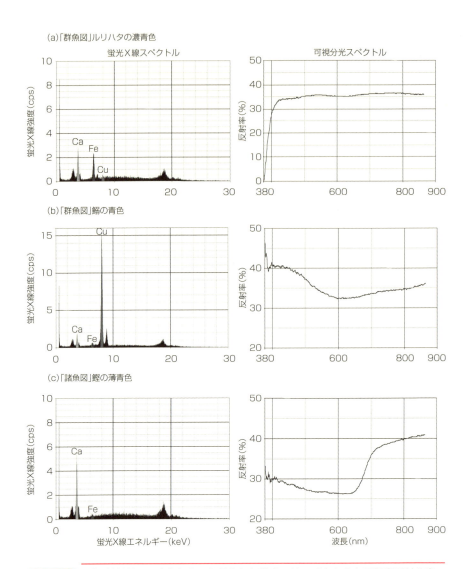

図 4.4 「動植綵絵」の青色部分から得られた蛍光 X 線スペクトルと可視光反射分光スペクトル

られた．後述の可視光反射分光分析，さらには赤外線撮影などの分析結果を総合すると，これはフェロシアン化鉄（$Fe_4[Fe(CN)_6]_3$）を主成分とするプルシアンブルーという青色材料であることが突き止められた（図 4.4）．「動植綵絵」が製作されたのは日本にプルシアンブルーが輸入され始めた直後であり，

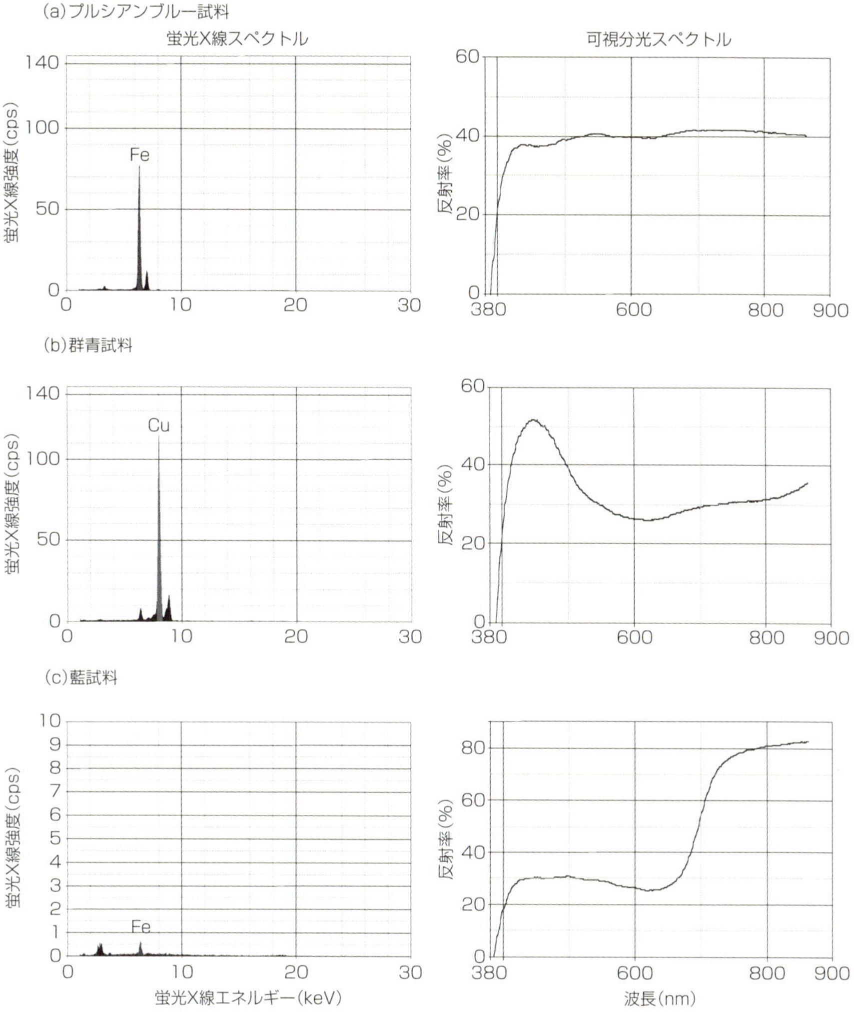

(a)プルシアンブルー試料

蛍光X線スペクトル / 可視分光スペクトル

(b)群青試料

(c)藍試料

蛍光X線エネルギー(keV) / 波長(nm)

図 4.5 プルシアンブルー，群青，藍の標準試料の蛍光X線スペクトルと可視光反射分光スペクトル

現時点においてはプルシアンブルーを絵画の絵具として使った最も早い作例として位置付けられている．

　プルシアンブルー同定のために適用した手法が可視光反射分光分析である．使用したのは，小型可搬型のものである．ハロゲンランプ光源から発せられた

可視光（白色光）を光ファイバーで先端まで導き，直径 2~3 mm に絞り込んで作品の所定の位置に照射する．反射光を照射光と同軸で構成されている光ファイバーによって分光器に導き，波長ごとの強度を測定する．蛍光 X 線分析装置ほどではないが，ファイバー先端を絵画の直前数 cm まで近づけるため，細心の注意が必要である．分析位置に光源以外の光（室内照明や外光など）が存在すると，光ファイバーを通して検出されてしまうため，分析時は暗室状態にしたり，光ファイバー先端に遮光カバーを設置するなどの対策が必要である．

図 4.5 にプルシアンブルー，群青，藍の標準試料スペクトルを示した．口絵 4(a)「群魚図」の左下隅に描かれているルリハタから得られた可視分光スペクトルがプルシアンブルーのスペクトルによく一致していることがわかる．さらに，蛍光 X 線分析で何も検出されない青色部分について可視光反射分光分析を行ったところ，有機染料の藍とよく一致するスペクトルを得ることができた．蛍光 X 線分析だけでは，有機染料の同定は不可能であるが，可視光反射分光分析を併用することで物質同定まで行えた分析例の一つである．

これら以外にも，美術史の研究者や現代の画家たちを大いに驚かせた分析結果がある．「動植綵絵」の中では薄く透けるように見える美しい金（金茶）色が鶏，孔雀，鳳凰（口絵 4(b)「老松白鳳図」），鸚鵡，鴛鳥などさまざまな鳥の羽根を描くために使われている．これまでの報告や解説では，これらの金（金茶）色部分では下層に金泥（金箔を微小片にして膠に溶いたもの）を塗り，その上に白色の彩色が施されていると説明されていた．しかし，蛍光 X 線分析ではこれらの金（金茶）色部分から Au はまったく検出されなかった．検出された元素は黄色あるいは茶色部分から検出された元素と何ら変わりはなく，Ca と Fe だけで，Au，Ag，Cu あるいは他の金属元素は一切検出されなかった．金（金茶）色を描き出している材料としては，黄色・茶色部分で使われている材料と同じものであると考えられ，黄土あるいは代赭など Fe を主成分とする材料と，Ca 系白色材料（胡粉）だけであった．超高精細画像撮影を行い，これらの部分を詳細に観察してみると，黄色・茶色部分との違いは絵具の塗り方だけで，金（金茶）部分では絹の裏面に裏彩色として黄土あるいは代赭などを塗り，表面には白色を細い線で描いたり，薄く透けるように描くこと

で，絹の光沢感とその間からわずかに見える裏の黄色・茶色を同時に認識させることで，見る人に金色として認識させていることが明らかになった．金を一切使わずに，金色を認識させることのできる彩色は，伊藤若冲のもつきわめて高い描写技術を裏付けるものの一つとして大変注目された．

参考文献

1) 早川泰弘，平尾良光，三浦定俊，四辻秀紀，徳川義崇："ポータブル蛍光X線分析装置による国宝源氏物語絵巻の顔料分析"，保存科学，**39**，pp.1-14（2000）
2) 早川泰弘，三浦定俊，四辻秀紀，徳川義崇，名児耶明："国宝源氏物語絵巻にみられる彩色材料について"，保存科学，**41**，pp.1-14（2002）
3) 高橋雅夫：『化粧ものがたり』，雄山閣出版株式会社（1997）
4) 早川泰弘，佐野千絵，三浦定俊，太田彩："伊藤若冲「動植綵絵」の彩色材料について"，保存科学，**46**，pp.51-60（2007）
5) 早川泰弘，太田彩："伊藤若冲「動植綵絵」に見られる青色材料"，保存科学，**49**，pp.131-137（2010）
6) 宮内庁三の丸尚蔵館・東京文化財研究所編：『伊藤若冲「動植綵絵　全三十幅」』，小学館（2010）
7) 東京文化財研究所編：『伊藤若冲「動植綵絵」蛍光X線分析結果』，東京文化財研究所（2013）

伊藤若冲は，今最も人気のある日本画家の一人だね！

300年以上前に描かれた絵なのに，現代の若者を惹きつける魅力があるのはすごいね．若冲ほど裏彩色を効果的に使う画家は他には知られていないよ．

日本絵画の構造

　伊藤若冲は，絵絹の裏面に絵具を塗る裏彩色という手法を巧みに使って，さまざまな色調を描き出している．日本絵画は平面的に見えるが，その断面を観察すると何層もの重なりによって成り立っていることがわかる．

　絵絹の表面には顔料や染料などの絵具が塗られ，金箔や銀箔が貼られることもある．一方，絵絹の裏面に顔料を塗るのが裏彩色と呼ばれているものである．裏面に金箔が貼られることもあり，これは裏箔と呼ばれる．裏彩色には二つの役割がある．一つは若冲絵画に見られるように，表面から見たときに色調を微妙に変化させること，もう一つは表面に塗った顔料の接着力を増すことである．顔料は通常，膠を使って塗られるため，裏面に塗った膠が絹目を通して表面の顔料と接し，表面の顔料の接着力を増す効果が出せる．裏彩色が塗られた後には肌裏紙（はだうらがみ）と呼ばれる薄い和紙が貼られ，さらに複数枚の和紙（増裏紙（ましうらがみ）とよばれる）が貼られた後に，掛軸等に仕立てられるのが普通である．

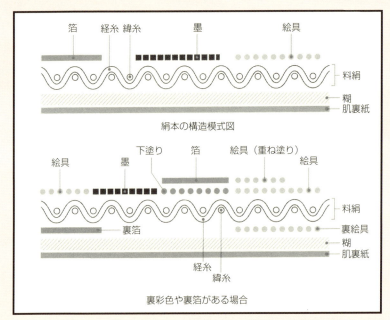

図　絹本絵画の断面構造（東京文化財研究所編：『日本画・書籍の損傷』(2013) より引用）

Chapter 5
古墳壁画の分析

　「高松塚古墳壁画」は日本人なら知らない者がいないほど有名な文化財の一つである．昭和 47 (1972) 年に発見されたときには，新聞やテレビのトップニュースとなり，日本中に考古学フィーバーを引き起こした．「飛鳥美人」として有名な西壁女子群像は，歴史や美術の教科書に必ず掲載されるほどである．

　しかし，この壁画は甚大な生物被害を受け，平成 19 (2007) 年に古墳から取り出されて保存されることとなった．本章では，その前後に行われた分析の一例を紹介する．

5.1

国宝「高松塚古墳壁画」の彩色材料

　奈良県高市郡明日香村にある高松塚古墳は7世紀後半〜8世紀初頭の古墳と考えられ，南北約265 cm，東西約103 cm，高さ約113 cmの小さな石室内の壁面および天井に極彩色の絵画が描かれている．東西南北の壁の中央には四神が，さらに東西の壁に人物像が描かれており，西壁女子群像は「飛鳥美人」（口絵5）として有名である．これらの絵画は，日本絵画の中でも最も初期に描かれた絵画の一つとして位置付けられ，考古学，歴史学，美術史学の分野において大変重要な文化財である．昭和47（1972）年に発見され，その際に四神や人物像の写真撮影と石室内に剥落していた微小顔料片数個について分析が行われただけで[1][2]，壁画全体についての分析化学的調査は実施されたことがなかった．

　発見から30年を経過した平成14（2002）年，蛍光X線分析装置を用いて壁画全体に関する材料調査が初めて実施された[3]-[5]．石室内は大人一人がやっと入れる大きさで，中では立ち上がることも両手を広げることもできない．石室内の温度，湿度は年間を通してほぼ一定で，温度は16〜18℃，相対湿度はほぼ100%であり，分析機器を持ち込むには防湿対策を十分にとることが不可欠であった．石室内にはもちろん電源はなく，石室に立ち入るには防塵服・帽子・手袋・マスク着用の状態で，持ち込むものはすべてエタノール消毒が必要であった．

　石室の狭さと高湿度のために市販の大型機器や前述のポータブル蛍光X線分析装置を用いることは不可能であり，当時米国で開発されたばかりのハンドヘルド蛍光X線分析装置を改良して分析を行った．現在，世の中には多種多様の分析機器が開発され実用されているが，AC電源が必要なく，相対湿度100%の下で安定に動作する機器となると，非常に限られたものしか選択肢は

48

Chapter 5　古墳壁画の分析

図 5.1　ハンドヘルド蛍光 X 線分析装置による「高松塚古墳壁画」の分析の様子

ない．ハンドヘルド蛍光 X 線分析装置はそのような用途に耐えうる数少ない機器の一つである．小型の Li イオンバッテリーだけで駆動でき，消費電力は 5 W 以下，全重量が約 2 kg と片手でも簡単に取り扱うことができる．データ取り込みなどに関しても，本体に取り付けたパームトップ型の PC だけで操作できるため，きわめて操作性の良い取回しが実現できる．「高松塚古墳壁画」の分析では，装置の先端を壁面から約 10 mm の距離にセットし，直径 5 mm に絞り込んだ X 線を照射して分析を行った（図 5.1）．

「高松塚古墳壁画」の蛍光 X 線分析では数多くの新知見が得られた．最も特徴的な結果は，壁面のすべての部分から Ca とともに微量の Pb が検出されたことである．絵画が描かれている部分だけでなく，その周囲の白色の壁面からも微量ながら Pb が検出された．Ca は壁面および天井全体に塗られている漆喰の主成分を検出していると考えられるが，Pb が壁面全体に存在していることは大きな発見であった．絵画が描かれている部分については，用いられている彩色材料の種類や厚みの違いによって Pb 検出量は異なるが，絵画が描かれていない漆喰だけの壁面については，絵画からの距離に応じて Pb 検出量が変化し，ある距離以上離れると微量ながらほぼ一定の Pb 検出量になる傾向が見出された．絵画が描かれていない漆喰だけの壁面部分の Ca と Pb 検出量の相

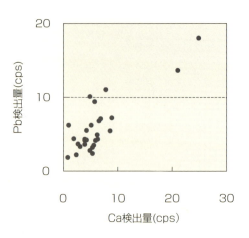

図 5.2 「高松塚古墳壁画」の Ca–Pb 相関関係

関を図 5.2 に示すが，明らかに正の相関を示していることがわかる．このことは，Ca と Pb が壁面に層状に存在しているのではなく，同一層に混合して存在していることを意味しており，漆喰中に Pb を含む何らかの物質が存在していることを示唆している．その物質を特定することは蛍光 X 線分析だけでは困難であるが，鉛白などに代表される Pb 系白色顔料である可能性が高い．

また，絵画に使われている彩色材料の分析結果として，2 種類の赤色材料が明確に使い分けられていることが明らかになった．「飛鳥美人」として有名な女性像では，唇や帯に使われている赤色部分からは Hg が顕著に検出され Hg 系赤色材料（辰砂）が用いられていることがわかったが，上衣全体の赤色部分からは Hg はまったく検出されず，異なる材料が使われていることがわかった．蛍光 X 線分析の結果だけではこの赤色材料を特定することはできず，他の分析手法を適用して現在も調査を継続中である．

高松塚古墳はこの調査の後，平成 19（2007）年に壁画の劣化抑制のため解体して保存されることとなった．現在も壁面のクリーニングと安定化のための処置が続けられている．同時に，壁面の劣化原因を解明し，壁画材料や絵画技法に関する研究を進める目的で，分析化学的調査が現在も続けられている．以下には，その分析結果のいくつかを紹介する．

一つ目は，石室解体前にも使用した蛍光 X 線分析装置で，より詳細に元素

Chapter **5** 古墳壁画の分析

の分布状態を把握したことである．ハンドヘルド蛍光X線分析装置を使用し，すべての壁面を縦横5cmのメッシュに分割して測定を行い，元素分布を調べた[6]．壁面全体のPb検出量を示したものを口絵6に示す．壁面全体からPbが検出されており，さらに人物像や四神などの絵画が描かれている部分でPb検出量が多いことがわかる．壁面全体から検出されているPbの含有率については，漆喰に鉛白を混ぜ込んだ参考試料を作って評価したところ，0.3 wt％程度の含有率であることも明らかになった．すなわち，高松塚古墳の壁面は，約0.3 wt％のPb系白色顔料を混ぜ込んだ漆喰を全面に均一に塗り，その上に絵画を描く部分にだけ絵画の輪郭よりわずかに広めにさらにPb系白色顔料を薄く塗って白色の滑らかな面を作り，その部分に彩色を施していったという制作工程が見えてきた．

　二つ目は，彩色部分の色情報をスペクトルとして記録するとともに，蛍光X線分析では特定することのできない色材を分析するための可視光反射分光分析による調査である[7]．非破壊非接触で安全に壁画の分析を行うために，ファイバープローブで照射光を壁画の分析箇所に照射し，反射光を同軸ファイバーにより検出器まで導入する方式を採用した．できる限り小さい領域まで分析できるように，照射径を直径1 mmに設定し，400〜800 nmの波長範囲をスキャン時間500 ms，積算回数120回の条件で分析を行った．

　この可視光反射分光分析を用いて西壁女子群像（口絵5）の分析を行った結果の一例を紹介する．西壁女子群像の赤い衣を着た人物の裳（スカートのように見える部分）は一見すると青色だけで塗られているように見える．しかし，他の女性の裳が襞によって異なる色に塗り分けられているのに，この女性の裳だけがなぜ青一色で塗られているのかが，長年議論されていた．蛍光X線分析を行うと，裳のいずれの部分からもCuが検出され，裳のどの襞にもCu系青色材料（群青）が使われていることが明らかとなった．そこで，赤衣像の襞ごとに可視光反射分光分析を行ってみると，大変興味深い結果を得ることができた．向かって左から7列目の襞と8列目の襞からそれぞれ得られた反射分光スペクトルを図5.3に示す．どちらも480 nm付近で反射率の上昇が見られるが，これは群青に特徴的なピークである．一方，8列目には550 nm付近と580 nm付近でわずかに反射率の上昇が認められるのに対し，7列目ではこれらの

51

(a) 向かって左から7列目の襞

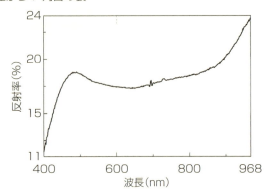

(b) 向かって左から8列目の襞

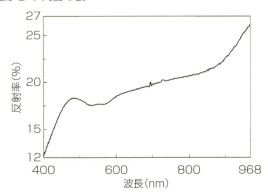

図5.3　「高松塚古墳壁画」西壁女子群像の赤衣像の裳の可視光反射分光スペクトル

波長域で反射率の変化はほとんど認められなかった．他の襞についても同様の測定を実施して，得られた反射分光スペクトルからL*a*b*表色系による色調の違いを検討した．L*a*b*表色系のa*，b*値を図5.4に示す．襞の奇数列目（▲）と偶数列目（●）でデータの分布に偏りが見られ，奇数列目の襞の色は青色領域に分布するが，偶数列目の襞は奇数列目よりa*が大きい，すなわちやや赤みを帯びた青色の領域に分布する結果が得られた．以上の結果からは，裳の奇数列目はCu系青色材料（群青）だけで塗られているが，偶数列目はCu系青色材料（群青）とともに赤色を着色することのできる彩色材料が共存していることが推定される．しかも，その赤色材料は蛍光X線分析では検出でき

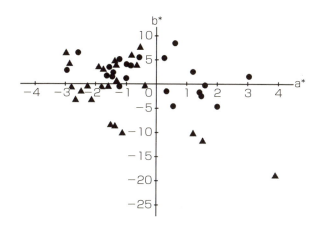

図 5.4 「高松塚古墳壁画」西壁女子群像の赤衣像の裳の $L^*a^*b^*$ 表色図
▲：向かって左から奇数列目の裳，●：向かって左から偶数列目の裳

ない軽元素を主成分とするものである．

そこで，文化財で用いられる可能性のある多くの赤色材料について可視光反射分光分析を行ったところ，臙脂から得られるスペクトルが上記の偶数列目のスペクトルとよい一致を示す結果が得られた．反射分光スペクトルが臙脂のそれと一致するというだけでは，臙脂の存在を立証したことにはならない．しかも，仮に臙脂が1300年もの間，高湿度の石室内にあったという状況を考えると，少なからず化学変化を生じている可能性もある．しかし，試料採取が許されない状況下では，直接的にその存在を立証することは大変難しく，現時点ではこれ以上の分析を行えない状況にある．文化財の調査では，常にこの問題がつきまとっている．非破壊非接触分析を原則とする文化財の分析においては，分析結果から確実に言えるのはどこまでか，どこから先が推定なのかを正しく示すことが重要である．

「高松塚古墳壁画」の解体について

　「高松塚古墳壁画」が発見されたのは昭和47（1972）年である．発見当初，その保存方法について専門家による検討が行われ，その結果，現地でそのままの状態で保存するという方針が決定された．しかし，30年を経過した平成14（2002）年，カビ等による生物被害が甚大であることが明らかになり，平成15（2003）年3月に国宝高松塚古墳壁画緊急保存対策検討会が設置され，続いて平成16（2004）年6月に国宝高松塚古墳壁画恒久保存対策検討会が設置された．この検討会の中で，さまざまな保存・対策方法が検討されたが，土中に埋まっている状態で壁画の劣化を食い止めることは極めて困難との判断がなされ，平成19（2007）年4〜8月に石室の解体作業が行われ，壁画が描かれた石材がすべて古墳から取り出された．

　古墳から取り出された石材は，古墳近くに設置された仮設修理施設に運び込まれ，現在（平成30（2018）年）に至るまで修理とクリーニング作業が続けられている．この修理施設内では，壁画の劣化原因を解明し，壁画材料・絵画技法などに関する研究を進める目的で，さまざまな物理的・化学的調査が実施され，現在もそれらの調査は続けられている．

「高松塚古墳壁画」は今から1300年以上も前に描かれた絵画で，「キトラ古墳壁画」，「法隆寺金堂壁画」と並んで，日本絵画の原点と考えられているものの一つなんだ．
古墳時代の終わりに，突然第一級の絵画が出現するというのは，日本の歴史の謎の一つだね．

Chapter **5** 古墳壁画の分析

5.2

国宝「高松塚古墳壁画」の下地漆喰の状態

「高松塚古墳壁画」は，壁や天井を構成している大きな石材に厚さ数 mm の漆喰が塗られ，そこに人物像や四神像が描かれている．壁画の劣化というと絵画の汚れや変退色が問題にされるが，絵画が描かれている下地の漆喰の劣化も大きな問題である．一般に，絵画の非破壊非接触分析には，種々の電磁波を用いた手法が適用される．可視光線，赤外線，紫外線および X 線を用いた光学調査（たとえば赤外線画像撮影，X 線透過撮影，蛍光 X 線分析，X 線回折分析，分光分析など）である．これらの方法は絵画の最表面近傍に存在している絵具や展色材などの材料や状態を分析するには大変有効な手法である．また，X 線透過撮影などは表層の絵画の下層に別の絵画が存在することを明らかにすることもできる．支持体が紙やキャンバスあるいは板材である場合，X 線透過撮影によって，その支持体の傷み具合を可視化することも可能である．しかし，壁画の場合，支持体は厚みをもった石材や土壁であり，その表面に絵画の下地層として漆喰や白土が塗られ，そこにさまざまな絵具によって絵画が描かれている．「高松塚古墳壁画」の漆喰層は 1〜5 mm 程度の厚みを有しており，赤外線や紫外線ではその内部状況を可視化することは困難である．また，支持体が石材であるため，X 線透過撮影を行うことも難しく，仮に撮影できたとしても薄い漆喰層の情報を二次元の透過画像の中に写し出すことはきわめて困難である．

テラヘルツ（以下，THz）帯の電磁波は，中赤外線とミリ波の間の周波数帯域にあり，一般に 0.1〜10 THz の振動数を有している．THz 波は数 mm 程度物体内部に入り込むことができる．THz 波に対して異なる屈折率を有する物質が物体内部に存在する場合，その界面では強い反射波が生じ，その界面の検出が可能となる．さらに，THz 波パルスを用いたイメージングでは，反射

55

図5.5 「高松塚古墳壁画」の西壁女子群像の部分画像

図5.6 「高松塚古墳壁画」の西壁女子群像の部分THz波イメージング画像

波の遅れ時間から，その反射波が発生した界面の表面からの距離を推定できるため，非破壊非接触で対象の断層画像を得ることができる（THz-TDS；THz時間領域分光法）．日本では，国立情報通信研究機構が世界に先駆けてこのTHz-TDSの技術を絵画に適用し，絵画材料および構造の非破壊調査に有効であることを示した[8-10]．古墳壁画の漆喰層の状態を非破壊非接触で調査する方法として，このTHz-TDSはきわめて有効である．

「高松塚古墳壁画」の漆喰層の状態を把握するために，THz-TDSが適用された．「高松塚古墳壁画」の漆喰は，石室が墳丘内にあった時には常に湿った状態にあり，ひどいところではペースト状と思われる部分があった．壁画の恒久的保存を図るために，高松塚古墳は平成19（2007）年に解体され，石材は修理施設に運ばれて，現在もクリーニングと安定化処理などが続けられている．「高松塚古墳壁画」の損傷はカビなどによる汚損と絵画彩色の退色が問題とされているが，前述したように絵画の下地となっている漆喰の状態についても大変危惧されていた．図5.5と図5.6は「高松塚古墳壁画」の西壁女子群像の部

分画像とその THz 波イメージング画像である．この THz 波イメージング画像は漆喰表面からその内部に至る深さ方向領域から得られるすべての信号を積算して得られたものである．漆喰の状態が均一でなく，場所に大きく異なっていることがわかる．明るく写っている部分ほど，THz 波がよく反射しており漆喰層内部が固く健全であることを示している．

口絵 7 は西壁女子群像の THz-TDS により得られた深さ方向からの信号である．各測線 A〜D における漆喰の断面情報を示しており，場所によって漆喰の状態が異なっていることがわかる．これらの部分について実際に壁画の修理に携わっている修理技術者に各測線部分での漆喰の状態に関する感触について聞いたところ，得られている信号と非常によく整合していることが明らかとなった．プロの修理技術者の研ぎ澄まされた感覚と観察力の鋭さに驚かされるが，一方でこの THz 波イメージング技術がプロにしかわからない漆喰の状態を，客観的な情報として可視化して提示しうる有効なツールであることを示すものと考えることができる．

壁画の下地層である漆喰層の状態は，赤外線，紫外線，あるいは X 線などの電磁波を用いたイメージング技術では明らかにすることができない．これに対し，THz 波イメージングはこのような壁画の漆喰層程度の厚みの情報を可視化することができる方法である．特に，THz-TDS はあたかも X 線 CT のように深さ方向の断面情報を提示できるばかりでなく，ある深さでの情報を抽出して再構成することにより，任意の深さでの二次元的なイメージを可視化することができる．

THz 波イメージングはまだ分析化学の世界でも適用が始まったばかりの新しい技術だね．
X 線や赤外線が透過できない資料の内部構造を確認するのにもっと活躍できるといいね．

参考文献

1 ）橿原考古学研究所編：『壁画古墳高松塚調査中間報告書』，奈良県教育委員会・奈良県明日香村（1972）

2 ）高松塚古墳総合学術調査会編：『高松塚古墳壁画調査報告書』，便利堂（1973）

3 ）文化庁監修：『国宝高松塚古墳壁画』，中央公論美術出版（2004）

4 ）National Research Institute for Cultural Properties, Tokyo：*Non-destructive Examination of Cultural Objects –Recent Advances in X-ray Analysis–*，（2006）

5 ）早川泰弘，佐野千絵，三浦定俊：“ハンディ蛍光 X 線分析装置による高松塚古墳壁画の顔料調査”，保存科学，**43**，pp.63-77（2004）

6 ）文化庁 古墳壁画の保存活用に関する検討会（第 11 回）議事次第（2013）など

7 ）赤田昌倫ほか：“高松塚古墳壁画の色料に関する材料調査報告”，奈良文化財研究所紀要 2014，pp.32-33（2014）

8 ）K. Fukunaga, Y. Ogawa, S. Hayashi, I. Hosako：Terahertz spectroscopy for art conservation. *IEICE Electronics Express*, **4**(8)，pp.258-263（2007）

9 ）K. Fukunaga, N. Sekine, I. Hosako, N. Oda, H. Yoneyama, T. Sudoh：Real-time terahertz imaging for art conservation science. *Journal of the European Optical Society-Rapid Publications*, **3**（2008）

10）K. Fukunaga：Innovative Terahertz Spectroscopy and Imaging Technique for Art Conservation Science. *e-Conservation Magazine*, **10**(6)，pp.30-42（2009）

Chapter 6
絵図・地図の分析

　絵図や地図はこれまで，その中に描かれている（書かれている）情報が重要であり，歴史資料としての位置付けの中で研究が展開されてきた．近年，絵図や地図を絵画と同様の彩色文化財として認識し，その絵具や材料，あるいは描写方法などに関して調査する研究が進められている．本章では，その研究の一端を紹介する．

6.1

国絵図

　我が国では，近世になるとさまざまな形・仕様・大きさ・材質の絵図が作成されるようになる．形だけを見ても，折図のもの，屏風装のもの，掛図のものなどがあり，大きさについても，手にとって見ることができるものから，大広間などの畳に広げて見るような大きなものまで大小さまざまである．描かれる内容についても，測量をしたうえで正確に領土を描き出す実測図から，年貢の割り当てなどを示した村の略図のようなものまである．絵図では，道や海路は赤線，一里塚は黒丸，村は楕円形に色付けをして示すなどの統一的な規則があることが特徴である[1]．これまで絵図の彩色材料を科学的に調査した例はほとんどなかったが，絵図資料は絵画資料に比べて製作時期や製作地を正確に特定できる場合が多く，その製作に関する記録が残っていることが多い．すなわち，ある時代・地域で用いられていた材料を正確に特定できる数少ない資料群であるといえる．なかでも，江戸幕府の指令によって数次にわたって全国的に作成された国絵図は資料数も膨大で，時代間あるいは地域間での材料の違いを比較検討することができる資料群として位置付けることができる．

　江戸時代には幕府から諸藩大名への命令により，全国の国絵図が慶長期（1596-1615年），正保期（1644-1648年），元禄期（1688-1704年），天保期（1830-1844年）の4度にわたって作成されたことが知られている．その中でこれまでに，山口県文書館所蔵の長門国絵図（正保），岡山大学附属図書館所蔵の備前国絵図（慶長，正保，元禄，寛永），国立公文書館所蔵の備前（天保）・薩摩（元禄，天保）・下総（元禄，天保）・武蔵（天保）国絵図，徳島大学所蔵の阿波国絵図（元禄）などの彩色材料調査が実施されている[2][3]．

　国絵図の調査で最も問題になるのはその大きさである．国絵図の中には一辺が数mを超えるものも少なくなく，その中の任意の箇所を分析することは容

Chapter **6** 絵図・地図の分析

> **図 6.1** 国絵図の彩色材料調査の様子

易なことではない．小型・軽量の機器が必要であるのはもちろんのこと，非破壊・非接触で彩色材料を特定できるものでなければならない．国絵図に使われている彩色材料は，鉱物を原料とする顔料と，動植物由来の染料の2種類に大別することができ，顔料については蛍光X線分析法，染料については可視光反射分光分析法が適用された．国絵図の調査の様子を図 6.1 に示す．国絵図の調査で用いられた蛍光X線分析装置は，「高松塚古墳壁画」の調査に用いられたハンドヘルド型の機器である．これを3m程度の長さまで伸縮可能なアームの先端に取り付け，機器先端のCCDカメラによって分析ポイントを確認しながら，遠隔操作によって分析が進められた．可視光反射分光分析装置についても，数mの長さの光ファイバーを用いる機器を使用することで，大きな国絵図の調査にも対応することができた．

これまでの国絵図の調査において見出された彩色材料の一覧を表 6.1 に示す．赤色や橙色において，顔料だけが用いられている絵図と，顔料と染料を併用している絵図があること，黄色については，鉛丹（Pb_3O_4）と胡粉（$CaCO_3$）の混色を用いている絵図と，黄土（$Fe_2O_3 \cdot nH_2O$）が使われている絵図があること，また緑色についても緑青（$CuCO_3 \cdot Cu(OH)_2$）を使っているものと，藍と黄色染料によって緑色を着色しているものがあることなどが明らかになった．

さらに，表 6.1 の調査結果の中で，白色に着目してみると興味深いことがわかる．すなわち，江戸時代に製作された国絵図に使われている白色材料のほとんどは胡粉であるが，元禄期に製作された薩摩国絵図だけから鉛白が検出され

表6.1		国絵図の彩色材料調査結果一覧					
資料名		白	赤	橙	黄	緑	青
元禄国絵図	薩摩	鉛白 (＋胡粉)	辰砂＊1	辰砂 染料	鉛丹＋胡粉 染料	緑青 藍＋黄色染料	藍
	下総	胡粉	辰砂 辰砂＋鉛丹 染料	鉛丹	黄土 染料	緑青 藍＋黄色染料	藍
天保国絵図 (紅葉山本)	薩摩	胡粉	辰砂	鉛丹	鉛丹＋胡粉 染料	緑青＊2 緑青＊3 藍＋黄色染料	藍＊5
	備前	胡粉	辰砂 染料	鉛丹	鉛丹＋胡粉 染料	緑青＊2	藍＊5 ブルシアンブルー
	下総	胡粉	辰砂	鉛丹	鉛丹＋胡粉	緑青＊4 藍＋黄色染料	藍＊5
天保国絵図 (勘定所本)	備前	胡粉	辰砂 染料	鉛丹	黄土 染料	緑青＊2 藍＋黄色染料	藍＊5
	武蔵	胡粉	辰砂 染料	鉛丹 染料	染料	緑青＊2 藍＋黄色染料	藍＊5
	下総	胡粉	辰砂 染料	鉛丹	黄土 染料	緑青 緑青＊3 藍＋黄色染料	藍＊5

＊1 同時に Pb が検出されているが，鉛丹か鉛白かは判別できない．
＊2 Cu の他に Zn と As を検出．
＊3 Cu の他に Zn を検出．
＊4 Cu の他に As を検出．
＊5 微量の Fe を検出した箇所あり．

る結果が得られた．元禄期に作成された下総や阿波国絵図，あるいは天保期に作成された薩摩国絵図や他の国絵図から鉛白はまったく見出されず，使われている白色材料は胡粉だけである．元禄という同じ時代に製作された絵図であっても，地域によって使われている絵具が異なっていることを示している．

ここで，日本絵画における白色顔料の変遷を少し説明しておきたい．図6.2には，筆者がこれまでに科学的調査を行い，論文・解説などでその調査結果を公表した絵画の中から，代表的な作品について白色材料の比較を行った結果を示した[4]．提示した作品の数は少ないが，「高松塚古墳壁画」に始まり，奈良時代の「吉祥天像」，平安時代の「源氏物語絵巻」，「伴大納言絵巻」，「十一面

Chapter 6 絵図・地図の分析

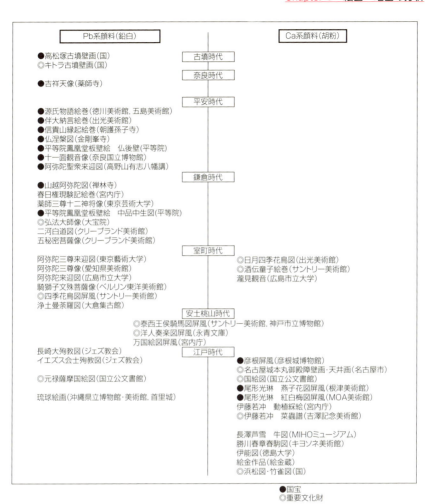

図 6.2 日本絵画の白色顔料の変遷

観音像」,そして鎌倉時代の「阿弥陀聖衆来迎図」,「春日権現験記絵巻」に至るまで,白色材料としては鉛白だけが使われ,胡粉はまったく使用されていない.一方,江戸時代の作品に目をやると「燕子花図屏風」,「紅白梅図屏風」,「彦根屏風」,「動植綵絵」などに使われている白色材料は胡粉だけであり,鉛白はまったく使われていない.図 6.2 には示されていない未公表の調査結果を併せて考えても,使用されている白色材料に関するこの傾向に例外はほとんど

見出されない．近年，他の研究者によっても絵画をはじめとした彩色文化財の科学調査が多数進められているが，一部を除いて，図6.2に示した傾向を示している．これらの結果からは，日本絵画の白色材料は古墳時代から室町時代あたりまでは鉛白が中心で，江戸時代以降は胡粉が中心になっていると判断することができる．室町時代から江戸時代初期にかけて鉛白から胡粉への転換が行われたと考えて間違いない．鉛白から胡粉への転換の理由については，盛上げ彩色を行うのに鉛白より胡粉が適していたという説が有力であり，盛上げ彩色を多用した狩野派の隆盛とともに胡粉の使用が増大したと考えられている．しかし，狩野派が描いた絵画が科学的に調査された例はわずかであり，科学的な根拠に基づいた説明がなされているわけではない．また，盛上げ部分ではない平滑な白色部分の彩色にまで，なぜ胡粉を使用するようになったのかについては明確には説明されていない．

　ここで問題となるのが鉛白から胡粉への転換期にあたる室町時代から江戸時代初期にかけての白色材料の利用状況についてである．図6.2に示したように，この時期に製作された絵画の中に，鉛白と胡粉に関して興味深い使用例がなされている作品がいくつか見出される．「泰西王侯騎馬図屏風」や「洋人奏楽図屏風」といったキリスト教伝来とともに登場した初期洋風画では，一つの作品の中に鉛白と胡粉の両方が使われていることが明らかにされた．さらに，琉球王国時代に琉球で描かれた多くの絵画では，本土ではもっぱら胡粉が使われている時期にも関わらず，鉛白だけが用いられていることも明らかにされた．これらに共通する点は，製作地が文化・政治・経済の中心であった江戸や京都から距離的に離れていること，さらに外国との交易が容易に行える場所であるということであろう．

　こういった白色顔料の利用状況の中で，元禄期に製作された薩摩国絵図に鉛白が使われているという事実は，大変大きな意味をもっている．同時代の他の絵図にはまったく使われていない鉛白が，薩摩という地では使われ続けていたことを示しており，日本絵画における白色顔料の変遷を考えていく上で，時間軸の観点とともに，地域性という点も十分考慮に入れて研究を進めていく必要があるといえる．

Chapter 6 絵図・地図の分析

6.2

伊能図

　伊能忠敬（1745–1818年）は初の実測日本図作成者として有名であるが，伊能図の最終版とされる「大日本沿海輿地全図」が完成したのは，忠敬没後の文政4（1821）年である．「大日本沿海輿地全図」の原本は残っておらず，これまでは最終版の副本・写本などをもとに地図投影法や測定精度などに関する検証が行われてきた．徳島大学附属図書館には，忠敬の存命中に作成されたと考えられている伊能図副本10舗（沿海地図3舗，大日本沿海図稿4舗，豊前国沿海図3舗）が所蔵されており，これらに使われている彩色材料調査が近年行われた[5]．調査に使用された分析機器は，6.1節の国絵図調査と同様の蛍光X線分析装置と可視光反射分光分析装置である．

　調査によって見出された彩色材料一覧を表6.2に示す．6.1節の国絵図調査結果（表6.1）と比較すると黄色や緑色の材料に大きな違いがあることがわかる．すなわち，伊能図では黄色材料として使われているのは染料（藤黄）だけであり，黄土などの顔料はまったく使われていない．緑色材料に関しても地図の中に使われている緑色部分に緑青はまったく使われず，青色の藍と黄色材料（石黄あるいは藤黄）の混色によって緑色を描き出していることが明らかになった．

　伊能図は地域ごと（例えば九州，四国，中国などという範囲）の測量地図として残されていることが多く，同一縮尺の地図であれば，何枚かをつなぎ合わせることでより広範囲な地図を得ることができる．その際に，地図のつなぎ合わせ位置を示す印として描かれているのがコンパスローズとよばれる方位盤である．このコンパスローズに使われている青色材料に興味深い材料が見つかった．コンパスローズは赤，青，緑色など鮮やかな色調で塗り分けがされていることが多いが，「沿海地図 上」および「沿海地図 中」に描かれているコンパ

65

| 表6.2 | 伊能図の彩色材料調査結果一覧 |

図名	白	赤	桃	紫	黄	緑(コンパスローズ)	緑(コンパスローズ以外)	青	灰青
沿海地図 上	胡粉	辰砂	—	—	藤黄	緑青*3	藍+石黄	藍	スマルト+藍
沿海地図 中	胡粉	辰砂	—	—	藤黄	緑青*3	藍+石黄	藍	スマルト+藍
沿海地図 下	胡粉	辰砂	—	—	藤黄	緑青*3	藍+石黄	藍	—
大日本沿海図稿 五畿東海 壹	胡粉	辰砂*2	臙脂	—	藤黄	緑青	藍+藤黄	藍	—
大日本沿海図稿 山陽山陰 弐	—	辰砂*2	臙脂	—	藤黄	緑青	藍+藤黄	藍	—
大日本沿海図稿 南海 参	—	辰砂*2	臙脂	—	藤黄	緑青	藍+藤黄	藍	—
大日本沿海図稿 西海 肆	胡粉	辰砂*2	臙脂	—	藤黄	緑青	藍+藤黄	藍	—
豊前国沿海地図 第一	胡粉	辰砂*2	辰砂 臙脂	臙脂	藤黄	緑青*4	藍+藤黄	藍	—
豊前国沿海地図 第二	胡粉	辰砂*2	臙脂	臙脂	藤黄	緑青*4	藍+藤黄	藍	—
豊前国沿海地図 第三	不明*1	辰砂*2	臙脂	—	藤黄	緑青*4	藍+藤黄	藍	—

—は地図中に当該色がないことを示す.

*1　Pb が検出されたが，微量のため現時点で鉛白であるか否かの判断は出来ない.
*2　Hg と併せて微量の Pb が検出されているが，この由来が鉛丹か鉛白かについては不明である.
*3　Cu の他に，微量の As と Zn を検出.
*4　Cu の他に，微量の As を検出.

スローズでは，くすみのある灰青色の彩色が施されている部分が存在する（口絵8）．この部分を蛍光 X 線分析によって調べると，主成分元素として As が大きく検出され，併せて Fe，Co，Ni，Cu，Zn，Pb さらには Bi が検出されるという特徴的な結果が得られた（図6.3(a)）．これらの元素が同時に検出される材料としては，スマルトという青色顔料の可能性を考えることができるが，日本絵画では報告例の少ない顔料である.

　スマルトは天然の砒コバルト鉱またはスマルト鉱（smaltite, (Co, Ni) As$_{3-x}$）を原料とする顔料であり，天然では輝コバルト鉱（cobaltite, CoAsS）あるいはコバルト華（Erythrite, Co$_3$(AsO$_4$)$_2$・8 H$_2$O）なども随伴鉱物として産出する．これらの鉱石には通常，鉄やニッケルなどが含まれているのが特徴である．中央アジアで多く産出するが，日本でも長登（山口県）や他の鉱山か

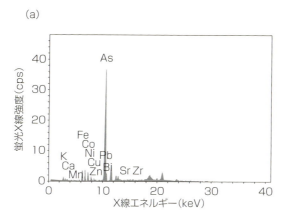

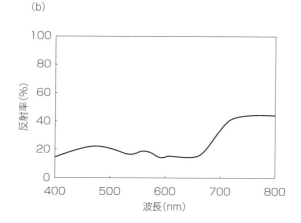

図 6.3 コンパスローズの灰青色部分の(a)蛍光 X 線スペクトル，(b)可視光反射分光スペクトル

ら少量産出した記録が残っている．スマルトは陶磁器の青色顔料として重宝された歴史があり，中国では元時代の景徳鎮窯で作られる陶磁器に多用された．18～19 世紀の琉球で作られた陶磁器にもスマルトが使われていることが最近の研究で明らかにされた[6]．スマルトはそれ自身でもちろん青色顔料として使うことができるが，絵画顔料として使う際にはケイ酸カリガラスにコバルト鉱石を加えてコバルトガラスとし，それを粉末状にして使うことが多い．絵画顔料としての利用は 16～17 世紀にヨーロッパで西洋画（油彩画）に使われたのが始まりと考えられており，日本でも 17 世紀中頃（寛永期）に製作された板

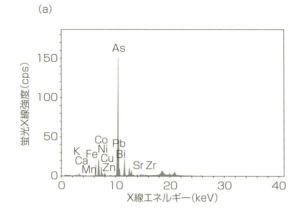

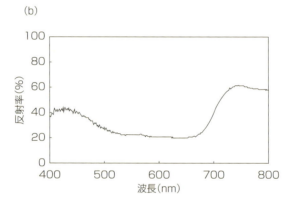

図6.4 「皆春齋御絵具」の青色顔料「花紺青」の(a)蛍光X線スペクトル，(b)可視光反射分光スペクトル

絵の天井画や，17世紀後半の板絵の絵馬に使われていることが報告されている．武雄鍋島家の領主 鍋島茂義（1800–1862年）が所有した絵画顔料「皆春齋御絵具」の中に「花紺青」と記載されている顔料が含まれており，これがまさにスマルトであることも突き止められている[7]．図6.4(a)に「皆春齋御絵具」の中の「花紺青」の蛍光X線分析結果を示す．Asが大きく検出されるとともに，Fe, Ni, Cu, Znなどの遷移金属元素が少量検出され，Biも検出されている．図6.3(a)に示した伊能図「沿海地図 上」から得られた分析結果とよく一致していることがわかる．可視光反射分光分析でもスマルトの可能性を

68

示唆する結果が得られた（図 6.3(b)，図 6.4(b)）．伊能図において，なぜこのような特殊な顔料が使われたのかはわからないが，今後さらに多くの伊能図の調査を進めることで，その謎が解き明かされるかもしれない．

19世紀中頃に人工群青（ウルトラマリン）の合成法が発明され安価に作られるようになると，絵画顔料としてのスマルトは西洋でも日本でもほとんど使われなくなった．

「花紺青」って美しい名前だね！

今は「スマルト」っていわれているけど，日本ではいつから使われているかよくわかっていないみたい．これまで，コバルトブルーといわれてきた青色顔料が，スマルトである可能性もあるみたいだよ．

参考文献

1）杉本史子ほか編：『絵図学入門』，東京大学出版会（2011）

2）早川泰弘："蛍光X線分析による地図史料の彩色材料調査"，歴史学研究，**841**，pp.29-34（2008）

3）吉田直人，早川泰弘，村岡ゆかり，杉本史子："重要文化財元禄および天保国絵図に使われた彩色材料と色彩表現に関する考察"，保存科学，**51**，pp.31-45（2012）

4）早川泰弘，城野誠治：『Color & Material―日本絵画の色と材料―』，ライブアートブックス（2018）

5）吉田直人，早川泰弘，村岡ゆかり："徳島大学附属図書館所蔵「伊能図」の彩色材料調査結果"，保存科学，**55**，pp.63-78（2016）

6）早川泰弘，園原謙，外間一先，上江洲安亨："沖縄県所在の陶芸作品に用いられている青色顔料の分析"，沖縄県立博物館・美術館紀要，pp.65-77（2017）

7）加藤将彦，丹沢穣，平井昭司，早川泰弘，三浦定俊："武雄鍋島家所蔵皆春齋絵具の材質分析"，保存科学，**46**，pp.61-74（2007）

Chapter 7 金属資料の分析

　日本では，今から 2000 年以上前の弥生時代には多くの青銅器が生産され，古墳時代に入ると鉄器の生産が開始される．それ以降，金属は武器や農工具，さらには工芸品の材料として多用されてきた．本章では，最近行われた金属製文化財の調査の中から，分析化学的調査によってこれまで知られていなかった新事実が得られた調査例を紹介する．

7.1

国宝「稲荷山鉄剣」

　国宝「稲荷山鉄剣」（口絵 9）は古墳時代（5 世紀後半）の製作と考えられ，全長 73.5 cm の鉄製の剣身中央部に表面 57 文字，裏面 58 文字の金象嵌（金線の埋め込み）が施されている．昭和 43（1968）年に埼玉稲荷山古墳より出土し，昭和 53（1978）年に保存修復処置の過程で金象嵌が発見されて以来，埼玉県立さきたま史跡の博物館において特殊な展示ケースに厳重に収められ，直立する形で展示がなされている．平成 12（2000）年に外部の展覧会に出品される際に，所蔵館内においてポータブル蛍光 X 線分析装置による金象嵌の分析を行うこととなった[1]．鉄剣は幅 60 mm のプレートに載せて固定し，鉄剣に一切触れることなく分析に供することができるように工夫した．照射 X 線を直径 2 mm に絞込み，表面 57 文字，裏面 58 文字の全 115 文字すべてについて，各文字 2 箇所以上の測定を行った．

　すべての測定において検出された元素は Fe，Au，Ag，Cu の 4 元素だけであった．このうち，Fe は鉄地に由来し，Au，Ag，Cu の 3 元素が金象嵌によるものと考え，この 3 元素で定量計算を行ってみると，Cu 含有率は最大でも 0.5% であり，ほとんどの箇所は 0.2% 以下であった．このため Cu を除外し，象嵌材料が Au，Ag の 2 元素によって構成されているものと仮定して，Au 含有率をプロットしたものが図 7.1 である．

　この分析によって，これまで知られていなかった次の事実が明らかになった．

(1) 金象嵌には Au 70%–Ag 30% 組成の材料と Au 90%–Ag 10% 組成の材料の 2 種類が用いられており，表面・裏面ともに上方（切先側）で Au 70% の材料，下方（柄側）で Au 90% の材料が使われている．

(2) 表面と裏面では象嵌材料が変わる文字位置が異なっており，表面では第35文字目から，裏面では第47文字目から下方（柄側）の文字でAu 90％の材料が使われている．

(3) Au 90％の材料が使われている文字の中に，Au含有率99％以上の材料が使われている部分が3箇所見出された．

2種類の象嵌材料が使われ，しかも材料が変わる位置が表面と裏面で異なる理由については，今のところ適切な説明はなされていない．文意上の意図的な使い分け，あるいは文字の形状や字画の位置などによる明確な規則性を認めることはできず，剣身に対する文字位置として製作上の問題を考えるにしても表面と裏面での位置の違いを適切に説明することはできない．しかし，2種類の象嵌材料の色調の違いは大きく，当初は鉄剣本来の銀白色の地に象嵌が施されていたわけであるから，その色調の違いをはっきり認識することができたはずである．どんな意図があって2種類の材料を使い分けたのか，大変興味深い結果である．

「稲荷山鉄剣」の金象嵌材料については，発見当初（昭和53（1978）年）に蛍光X線分析と放射化分析が行われ，Au 72％（残りはAg）という結果が報

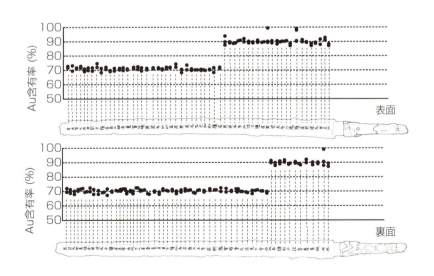

図7.1　「稲荷山鉄剣」の金象嵌銘文のAu含有率

告されていた[2]．しかし，そのときに測定が行われたのは表面では第37文字より上方（切先側），裏面では第40文字より上方（切先側）の文字についてのみだった．残念ながら平成12（2000）年にAu 90%-Ag 10%というAu含有率の高い化学組成が見出された表面第35～57文字，裏面第47～58文字についてはほとんど測定が行われていなかった．このため，それまでは金象嵌には一種類だけの材料が使われていると信じられていた．なぜ，下方の文字について測定しなかったのか，今ではその理由を想像するしかないが，全数の3/4近い文字がほぼ同じ分析値を示したという結果に，残りの文字も同じ材料であろうと判断したとしか考えられない．文化財を調査する際に，先入観をもつことの怖さを示す実例の一つである．

7.2 国宝「鵲尾形柄香炉」

　法隆寺献納宝物とは奈良県斑鳩町にある法隆寺に伝来し，明治11（1878）年に皇室に献納された約330件に及ぶ宝物（文化財）の総称である．第二次大戦後に皇室財産が整理された際に国有となり，319件が東京国立博物館に保管，残りは皇室と宮内庁に所蔵されることとなった．なぜ法隆寺が聖徳太子ゆかりの品を含む貴重な寺宝を手放したのか正確なところは不明であるが，明治に入って神仏分離・廃仏毀釈運動が巻き起こり，寺宝散逸の危機にさらされていた中で，寺宝を散逸させるよりも国内で最も安全な保管先である皇室に一括献納したのではないかと推測されている．

　法隆寺献納宝物は正倉院宝物とならぶ古代美術の宝庫として知られているが，正倉院が奈良時代の作品を主として保管しているのに対し，法隆寺献納宝物はそれよりも一時代前の飛鳥時代から奈良時代前期（7世紀後半～8世紀初め）を中心とする作品を数多く伝えているところに特徴がある．「四十八体仏」

Chapter **7** 金属資料の分析

「稲荷山鉄剣」の展示ケース

　「稲荷山鉄剣」が発見されたのは昭和43（1968）年であり，鉄剣の両面に115文字の金象嵌が存在することがわかったのは，発見から10年を経過した昭和53（1978）年である．鉄の腐食の進行を防ぐための保存処置を施す際に，X線透過撮影を行ったところ，115文字が写しだされたのである．その後，X線透過写真を確認しながら，表面の錆が慎重に取り除かれ，115文字の金色の文字が姿を現した．

　その後，展示ケースおよび展示方法について検討が行われ，立位にして両面を観覧できるようにする展示方針が決定された．通常，腐食の進んだ金属製品の展示には，調湿剤により湿度を調整する（低湿度にする）のが普通であるが，「稲荷山鉄剣」については二重構造で内側に不活性ガス（または窒素ガス）を少量流通させる特殊な展示ケースを制作することになった．現在，埼玉古墳群に隣接した埼玉県立さきたま史跡の博物館に常設展示されているが，この展示方法が採用されているため，「稲荷山鉄剣」が他館での展覧会に貸し出されることは非常に少ない．

「稲荷山鉄剣」の展示ケース

75

（重要文化財）とよばれる飛鳥・奈良時代の小金銅仏群をはじめ，「摩耶夫人および天人像」（重要文化財）や「柄香炉」などの金工品，「聖徳太子絵伝」（国宝）などの絵画，幡や褥などの染織品，伎楽面など，多数の優品が含まれている．

　東京国立博物館に保管されている法隆寺献納宝物の中の金工品，特に仏教儀式で用いられる供養具の材質調査が近年行われた[3)4)]．調査には，国宝「稲荷山鉄剣」の調査で使用したポータブル蛍光Ｘ線分析装置が用いられた．金属製の鋺，匙，香炉など計25点（すべて重要文化財，あるいは国宝）の調査が非破壊・非接触で行われた．このうち，国宝「鵲尾形柄香炉」（口絵10）の分析結果を紹介する．柄香炉とは僧侶や供養者が法会の際に仏前で手にもって香を献ずるためのもので，「鵲尾形」の名称は柄の末端が鵲の尾に似て三叉に分かれていることに由来している．法隆寺献納宝物の中には4点の柄香炉が含まれているが，最も大振りで簡素な造形で，製作年代は飛鳥時代まで遡ると考えられている．いくつかの部位が鋲留めによって組み合わされているので，それぞれの部位に対して分析を行ったが，いずれの部位からも主として検出された元素はCuおよびZnであり，その材料はCu-Zn合金，すなわち真鍮であると判断された．また，ほとんどの箇所から少量のAuが検出されたが，Hgは検出されなかった．「鵲尾形柄香炉」の火炉側面から得られた蛍光Ｘ線スペクトルを図7.2に示す．Cu-Zn組成を算出するとCu 80%-Zn 20%程度であり，Auは表面に鍍金が施されていることを意味しているが，Hgが検出されていないのでアマルガム鍍金ではないと考えられる．

　法隆寺献納宝物の調査結果では，国宝「鵲尾形柄香炉」以外に，重要文化財「鵲尾形柄香炉」，重要文化財「瓶鎮柄香炉」も真鍮製（ともに，Cu 70%-Zn 30%程度の組成）であることが明らかになり，柄香炉4点のうち3点が真鍮製であることがわかった．さらに，脚付鋺2点（ともに重要文化財）も真鍮製（いずれもCu 70%-Zn 30%程度の組成）であることが明らかになり，調査を行った25点のうち，5点が真鍮製という結果が得られた．

　この分析結果は二つの点で大変重要な意味を有している．一つは，飛鳥時代に真鍮製の金属製品が存在していたということ，もう一つは真鍮製の表面に鍍金が存在している作品が存在しているということである．

Chapter 7　金属資料の分析

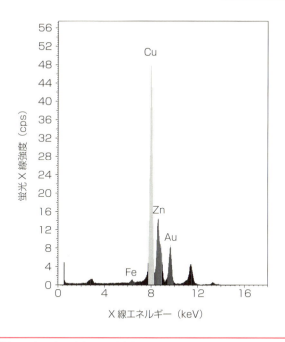

図 7.2　「鵲尾形柄香炉」（法隆寺献納宝物，N 280）の火炉側面の蛍光 X 線スペクトル

　日本に亜鉛の精錬技術がもたらされたのは江戸時代であり，国内にはそれ以前に真鍮はほとんど存在していないというのが，これまでの定説であった．しかし，近年の研究で江戸時代以前にも真鍮を使った作品が相次いで見つかっている．正倉院宝物（8 世紀）の中の合子・柄香炉のいくつかが黄銅製（報告書で真鍮製ではなく，黄銅製と報告されているので，そのまま引用，以下の調査例も同様）であることが確認され，さらに五弦琵琶や円鏡の装飾に黄銅線や黄銅粉が使われていることが報告されている[5]．平安時代の作例としては，9 世紀の国宝「金堂錫杖頭」（善通寺蔵，伝空海将来）の一部が真鍮製であることが近年の調査で確かめられ[6]，さらに平安時代後期（12 世紀）に作られたとされる「紺紙金字一切経」（美福門院願経，通称：荒川経）の経文が真鍮泥によって書かれていることも明らかにされた[7]．鎌倉時代に製作された国宝「法華経一品経」（慈光寺蔵，通称：慈光寺経）の経文や界線にも真鍮泥が存在していることが確認されている[8]．そして今回，飛鳥時代から奈良時代前期に作

られたとされる柄香炉や鋺が真鍮製であることが確認されたわけである．これまで，江戸時代以前の作品に真鍮が使われていることが発見されても，それは江戸時代以降の模造品あるいは偽作品であろうと考えることが多かったが，この考えを見直す必要がある調査結果が次々と発表されている．

文献を調べると，中国では4世紀頃より「鍮石」の語が現れ，日本でも天平19（747）年の「法隆寺伽藍縁起並流記資材帳」に「鍮石」という用語が見られるが，この時代に亜鉛という金属を認識していたわけはなく，真鍮を人工的に製造したという記録も見られない．しかし，飛鳥時代にはすでに真鍮製品が存在しているという事実は，日本における真鍮の歴史を考え直すうえで大変大きな意味がある．

一方，その真鍮製品の表面に鍍金が存在しているという分析結果も重要である．真鍮は銅と亜鉛の割合によって，色調や物性が変化し，亜鉛の割合が多くなるに従って色が薄くなり，少なくなると赤みを帯びる．亜鉛含有率が20〜40％のとき，真鍮は金に似た美しい黄色の光沢をもち，江戸時代には漆工品や絵画の中に金の代用品として広く使われている．金色に近い発色と光沢感を有する真鍮に対し，なぜ鍍金を施す必要があるのか？　これは謎である．近年の調査で見出されてきた上述の真鍮製品のなかにもそのような作例はなく，国宝「鵲尾形柄香炉」は真鍮製品に鍍金が施されている唯一の作例である．もちろん鍍金が飛鳥時代当初から存在していたものかどうかという点について十分な検討が必要であるが，真鍮や鍍金の歴史を考えるうえで大変重要な分析結果である．

法隆寺献納宝物や正倉院宝物の中に真鍮製品があるとは驚きだね．
江戸時代以前の真鍮の利用状況はほとんどわかっていなくて，今後の研究によって真鍮の歴史が塗り替えられるかもしれないね．

7.3

国宝 平等院「鳳凰像」

　10円玉に描かれている国宝 平等院鳳凰堂（京都府宇治市）（口絵11）は，平安時代中期（11世紀中頃）に建造され，本尊阿弥陀如来坐像が安置されている中堂を中心として，左右に伸びる翼廊と，後方に伸びる尾廊によって構成されている．鳳凰堂は，本尊阿弥陀如来坐像が真東を向く配置となっており，中堂大棟の南北両端には一対の鳳凰像が据えられている．鳳凰堂創建当初に製作されたと考えられている国宝「鳳凰像」（1万円札の裏面に印刷されている）は平等院内のミュージアム鳳翔館で常設展示されており，現在，鳳凰堂大棟を飾っている「鳳凰像」は昭和47（1972）年に据えられた複製である．鳳凰堂創建時に使われていた金属材料の化学組成を知ることを目的に，ミュージアム鳳翔館に展示されている国宝の「鳳凰像」の材料調査が行われた[9]．ハンドヘルド蛍光X線分析装置を使った「鳳凰像」調査の様子を図7.3に示す．ハンドヘルド蛍光X線分析装置を測定用スタンド先端に取り付け，測定位置に随時移動させて分析を行った．「鳳凰像」の表面は，全体が黒色の強固な腐食生成物で覆われ，部分的に青緑色の腐食生成物が観察される．また，胴体の一部には金色が確認できる箇所も存在している．「鳳凰像」は主体となる頭部（頸部を含む），胴体（胸部と腹部），翼，脚部が別々に鋳造され，それに板状の風切羽と尾羽が鋲留めされて組み立てられている．頸部上方には宝珠付の首輪がはめられ，頸部，胴部，翼には魚鱗文が表されている．一方，風切羽には鋤彫りで羽並が表され，尾羽は中央部が厚くなるように成形されている．尾羽の一部には後補材が取り付けられているのも確認できる．また，台座は円盤型で側面四箇所に下向きの爪形が造り出され，台座裏には中心から1 mを超える長さの中空軸が延び，これを鉄芯軸に差し込んで「鳳凰像」を支えるようになっている．

> **図 7.3**　ハンドヘルド蛍光 X 線分析装置による平等院「鳳凰像」の分析の様子

　一対の「鳳凰像」のうち，南方像について頭頂から台座下の中空軸までを分析した結果，次の 4 種類の材料が存在していることが明らかになった（口絵 12）．

　①主体部（頭部，嘴(くちばし)，頸部，胸部，翼，脚部）に使われている材料
　　化学組成：Cu 80〜90％，Pb 5〜10％，Sn 2〜3％，As 3〜5％
　　鍍金あり（現在，最大 1 μm 厚の箇所もあり）
　②風切羽・尾羽に使われている材料
　　化学組成：Cu＞95％，Pb 1％，Sn＜1％，As＜1％
　　鍍金あり（現在は 0.2 μm 厚以下で残存）
　③台座に使われている材料
　　化学組成：Cu 80％，Pb 10〜15％，Sn 3〜5％，As 2〜4％
　　鍍金なし
　④宝珠に使われている材料
　　化学組成：Cu 99％，Pb＜1％，Sn＜1％，As＜1％
　　鍍金なし

Chapter **7**　金属資料の分析

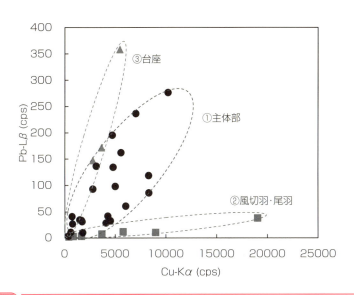

図 7.4　平等院「鳳凰像（南方像）」の測定結果（Cu–Pb 強度の相関関係）

　すなわち，鋳造によって作られている「鳳凰像」の主体部分（頭部から脚部まで）は Cu 80～90% 程度の青銅材料であるが，鍛造によって作られている風切羽・尾羽は Cu 95% 以上であり，主体部分に比べて Cu 含有率が高い材料が使われている．Cu 含有率が高い材料のほうが一般には柔らかく加工しやすいため，鍛造に適しているという理由で使い分けられていると考えられる．主体部および風切羽・尾羽のいずれの分析箇所からも Au，Hg が検出され，「鳳凰像」全体には最大 1 μm 程度の厚みでアマルガム鍍金が施されていたこともわかった．一方，台座部分は Cu 80% 程度の青銅材料であるが，「鳳凰像」主体部分の材料に比べると Pb 含有率が高く（10% 以上），鍍金は検出されなかった．台座下の中空軸の組成は風切羽・尾羽の組成に近い結果が得られたが，鍍金は存在していない．また，宝珠については Cu 99% という組成で鍍金も存在しておらず，主体部や風切羽・尾羽とは異なる材料であることも明らかになった．

　①主体部，②風切羽・尾羽，③台座から得られた分析データについて，Cu–Pb 検出強度の相関を調べた結果を図 7.4 に示す．それぞれが異なる相関係数

をもって分布している様子がよくわかり，使用されている材料が異なっていることを示している．

平等院鳳凰堂は平安時代に創建されて以来，これまで一度も火災にあうことなく，今日まで伝えられてきた稀有な木造建造物なんだ．
「鳳凰像」も創建当初に作られたものが昭和に至るまでの約900年間，屋根の上に据えられていたんだ．

何度もの暴風雨に耐えて今に伝えられていると思うと，昔の人の技術の高さに驚かされるね！

平等院鳳凰堂の金属部材

　平等院は永承7（1052）年，時の関白藤原頼通が，父の道長より譲り受けた別業を仏寺に改めたものである．鳳凰堂（阿弥陀堂）は，その翌年の天喜元（1053）年に落慶した．鳳凰堂は創建以来，幾度となく修理が行われて現在の姿に至っている．最近では，平成15（2003）〜19（2007）年にかけて，本尊阿弥陀如来坐像と二重天蓋が鳳凰堂から運び出される平成の大修理が行われた．また，平成24（2012）〜26（2014）年には建造物に関する大規模な修理が行われ，屋根瓦の葺き替え，外装塗装の塗り替え，鳳凰や扉金具など金工品の金色への復元がなされた．

　これらの修理・復元に際してはさまざまな調査・研究が行われている．金工品については，これまでに鳳凰や梵鐘をはじめ，鳳凰堂内外に取り付けられている飾金具など500以上の金属資料の材料調査が実施された．その結果，平等院創建当初に使われていた金属材料は，Cu–Sn–Pb–Asの4成分を含む青銅であり，微量のAgとSbを含む特徴を有していることが明らかになった．鳳凰の主体部はまさにこの特徴を有する材料が使われている．

Chapter 7 金属資料の分析

7.4

江戸時代の銀貨

　江戸時代の貨幣制度は「三貨制度」とよばれ、金貨、銀貨、銭貨の貨幣3種が併行して流通していた。貨幣の鋳造を担ったのは、金貨は金座、銀貨は銀座、銭貨は銭座であったが、金貨、銀貨に関しては旧貨幣の回収と新貨幣の流通を目的として江戸時代に複数回の改鋳が行われ、その度ごとに品位が低下した。金貨に関しては江戸初期の慶長小判では金含有率85%程度であったものが、幕末期の安政小判では金含有率60%以下にまで低下したといわれている。銀貨も同様で、慶長丁銀の銀含有率は80%であるが、安政丁銀に至っては銀15%以下にまで低下したといわれている。当時、金貨や銀貨についてその品位が公表されることは一切なく、実際の品位を知る術はなかったといえるが、金含有率60%以下の合金を金貨と称し、銀含有率15%のものを銀貨と称して流通させるためには、何らかの色付け処理がなされていたと考えるのが普通である。

　近年の研究により、江戸時代の金貨、銀貨について、表面の色をそれぞれ金色、銀色に見せるため、「色揚げ」(「色上げ」あるいは「色付け」)と称される処理が行われていたことが明らかになってきた[10)-12)]。金貨に対しては数種類の薬品の混合物を塗って加熱することで表面から銀だけを溶解して取り除き、表面の金濃度を高める方法[13)]が、銀貨に対しては梅酢熱湯中に一定時間浸漬し、表面の銅を溶かして銀濃度を高める方法[14)]が使われていたようである。

　実際の江戸時代の銀貨を対象に、色揚げ層の存在の有無を立証するための分析が行われた[15)]。この分析を行うためには表面層から深さ方向に元素含有率の変化を測定できる手法が必要であり、各種のイオンや粒子線を用いた表面分析手法が最適と考えられる。これらの方法では分析部位がわずかに掘り下げられ、資料に変色が生じることは避けられない。そのリスクを十分理解したうえ

83

で，金属の深さ方向の元素含有率分析を効果的に行うことができるオージェ電子分光分析（AES）による分析を行った．

江戸時代に製作された2種類の豆板銀（口絵13）について，銀（Ag）と銅（Cu）の深さ方向の濃度分布を調べた．

(a) 享保豆板銀

（銀品位64%，3.6 g，縦・横径11・12 mm，最大厚4.6 mm）

(b) 元文豆板銀

（銀品位46%，12.25 g，縦・横径20・16 mm，最大厚7.2 mm）

両資料とも銀色光沢が部分的に残っているものの，広範囲にわたって褐色から黒色に変色している．江戸時代に製造された後，今日までどのような扱われ方をしてきたかは当然ながら不明であり，表面が傷んだり，異物（油分なども含む）が付着している可能性も十分考えられた．しかし，薄い表面汚染層ならば，イオンスパッタリングによって除去可能であるとの前提に立ち，表面を乾布で軽く拭っただけで，分析を行うこととした．分析にはArイオンビームを約100 μm四方に照射し，スパッター速度は45 nm/minに設定した．

資料(a)，(b)に対して得られた深さ方向の分析結果を図7.5に示す．横軸はイオンスパッタリング時間から算出した分析深さ，縦軸は検出信号から換算した元素含有率を示している．図7.5(a)の享保豆板銀については，最表面ではAg 15%，Cu 85%という分析値を示していることがわかる．この化学組成では色調はほとんど銅色，すなわち金色から赤茶色に近いと考えられ，製作当時に表面がこの化学組成を有していたとは到底考えにくい．製作後，時間の経過に伴って，銅の腐食生成物が選択的に最表面に形成されたために，このような結果になったものと考えられる．深さ方向に進むと，Ag含有率は急激に増加し，それに対応する形でCu含有率は急激に減少した．表面から約500 nm（0.5 μm）の深さで，Ag含有率は最大，Cu含有率は最小となり，そのときの値はAg 72%，Cu 28%であった．この500 nmという層が銅の腐食生成物が選択的に形成された部分であると考えられ，内部に進むに従い合金層が現れるため，Ag含有率が増加し，Cu含有率が減少したと考えられる．すなわち，最表面から約500 nmの深さのところが当初の銀貨の表面であったと考えられ

(a) 享保豆板銀

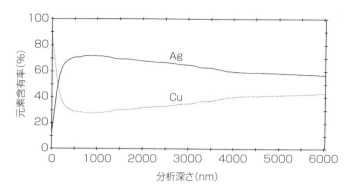

(b) 元文豆板銀

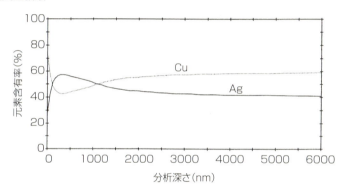

図7.5　豆板銀のAgおよびCuの深さ方向の分析結果

る．約500 nmの深さで，Ag含有率が最大，Cu含有率が最小となった後は，深さ方向に進むにつれて，Ag含有率は一様に減少し，Cu含有率は一様に増加した．深さ6000 nm（6 µm）ではAg 57%，Cu 43%という組成が得られたが，この深さに至ってもAg含有率は減少（Cu含有率は増加）し続ける結果が得られた．仮にAg 57%という値を内部の平均組成と考えると，最表面では平均組成に対して2～3割程度Ag含有率が高くなっていることになる．ただし，享保豆板銀の銀品位は64%といわれており，この値に比べると銀貨内部のAg含有率は明らかに低く，表面のAg濃化層を考慮して平均的なAg含有率を求めたとしても，この品位には達しない結果であった．この点を除け

ば，ここに示した結果は銀貨表面に存在する色揚げ層を立証する重要なデータである．

図7.5(b)の元文豆板銀についても，AgおよびCuの含有率変化の様子は(a)の場合とほぼ同様であった．最表面ではAg 28%，Cu 72%という分析値であり，銅の腐食生成物の存在を示唆した．Ag含有率が最大（Cu含有率が最小）となったのは(a)に比べるとわずかに浅い300 nm付近であり，そのときの含有率はAg 58%，Cu 42%であった．その後，深さ約3000 nm（3 μm）程度までAg含有率は減少し，Cu含有率は増加した．3000 nmより深いところでは，含有率の変化はほとんどなく，Ag 41%，Cu 59%という値でほぼ一定値を示した．元文豆板銀の銀品位は46%といわれており，その値に近い組成を得ることができた．

以上の分析結果は，江戸時代の銀貨表面に施された色揚げ層の存在を立証するものであり，銀の濃化層の厚みが10 μm以下と非常に薄い層であることが確認できた．この分析は破壊分析であり，分析後の資料にはイオンスパッタリングの痕跡がはっきりと認められる．豆板銀のように現在でも大量に存在する資料であったからこそ実現した分析である．

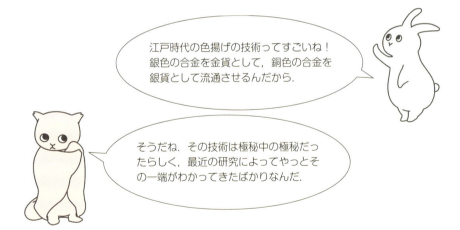

江戸時代の金貨・銀貨の改鋳と品位

　江戸時代には，金貨や銀貨の重量や金・銀の含有量を変更する改鋳が度々行われ，慶長期から幕末の万延期に至るまでに9回行われたとされている．一般には，改鋳のたびに金・銀の品位（含有率）は低下し，幕末安政期の金貨（小判）は Au 57%，銀貨（丁銀）は Ag 13% といわれている．このため，江戸幕府にとって色揚げは大変重要であった．

表　江戸時代の金貨・銀貨の品位

元号	小判の Au 品位（%）	丁銀・豆板銀の Ag 品位（%）
慶長	84〜87	80
元禄	57	64
宝永	84	20〜50, 80
正徳	84	80
享保	87	64
元文	66	46
文政	56	36
天保	57	26
安政	57	13
万延	57	—

参考文献

1) 早川泰弘，三浦定俊，大森信宏，青木繁夫，今泉泰之：“埼玉稲荷山古墳出土金錯銘鉄剣の金象嵌銘文の蛍光 X 線分析”，保存科学，**42**，pp.1-18（2003）

2) 埼玉県教育委員会：『埼玉稲荷山古墳　辛亥銘鉄剣修理報告書』，埼玉県教育委員会（1982）

3) 『法隆寺献納宝物特別調査概報 14　供養具 1』，東京国立博物館（2004）

4) 『法隆寺献納宝物特別調査概報 15　供養具 2』，東京国立博物館（2005）

5) 成瀬正和：“正倉院宝物に見える黄銅材料”，正倉院紀要，**29**，pp.62-79（2007）

6) 早川泰弘：善通寺所蔵・香川県歴史博物館寄託資料等の蛍光 X 線分析結果，東京文化財研究所保存科学部（2006）

7) 西山要一，東野治之：“東アジアの真鍮と紺紙金銀字古写経の科学分析”，文化財学報，**33**，pp.1-19，奈良大学文化財学科（2015）

8) 早川泰弘：“国宝慈光寺経における真鍮泥の利用について”，保存科学，**56**，pp.49-63（2017）

9) 早川泰弘：“平等院鳳凰堂の装飾金具および梵鐘の材料調査”，鳳翔学叢，**10**，pp.168-149（2014）

10) 田口勇，斎藤努，上田道男：“江戸期小判の分析化学的研究”，日本文化財科学会第 10 回大会講演要旨集，pp.56-57（1993）

11) 上田道男：“江戸期小判の品位をめぐる問題と非破壊分析結果について”，金融研究，日本銀行金融研究所，**12**（2），pp.103-125（1993）

12) 国立歴史民俗博物館　『お金の玉手箱－銭貨の列島 2000 年史』企画展示図録（1997）

13) 斎藤努：“江戸期小判などの色揚げに関する自然科学的研究”，国立歴史民俗博物館研究報告，**183**，pp.1-51（2014）

14) 造幣局編纂：『貨幣の生ひ立ち』，朝日新聞社（1940）

15) 早川泰弘，三浦定俊，大貫摩里：“江戸時代銀貨の色揚げに関する調査”，文化財保存修復学会誌，**45**，pp.44-60（2001）

Chapter 8
古代ガラスの分析

　　ガラスと人類の関わりはきわめて古い．旧石器時代に人類が利用した石器の中には天然産のガラスである黒曜石が用いられているものがある．また，紀元前 3000 年頃までには，メソポタミア，シリア，エジプトなどの地域で人工のガラスが出現している．ガラスはユーラシア大陸の古代社会に共通する遺物で，その製作技法や構成成分から産地や古代の交流を明らかにすることができる．

8.1

古代ガラスの分類方法

　ガラスは二酸化ケイ素（SiO_2）を主成分とする非晶質固体であり，構成成分以外に融剤や着色剤などに由来する成分が含まれている．古代ガラスの研究では，材料に関する情報だけでなく，成形技法から明らかにされる形態的特徴も重要である．

　奈良文化財研究所では，日本でガラスが生産されるようになった飛鳥時代（7世紀後半）以前の弥生時代および古墳時代の遺跡から発見されるガラス製品を精力的に調査し，その時代の交易関係を明らかにする研究を進めている[1)2)]．古代ガラスの中でも，ガラスビーズは出土する種類と量が圧倒的に多く，古代ガラスの研究に最も適したものと考えられる．小さなガラス玉に糸を通すための孔が開いているのがビーズである．一見すると同じように見えるガラスビーズであっても，光学顕微鏡やX線ラジオグラフィーで観察すると，外形と孔の形状，気泡の形状と配列の方向，腐食形態などの特徴が明らかになることがある．古墳などから出土した大量のガラスビーズに対して行われる最初の調査は色調による分類である．しかし，同じような色調であっても，構成成分が大きく異なっていることがある．ここでは，古代ガラスの構成成分を簡便に分類する方法を紹介する．

　古代ガラスは，Kが多量に含有されるもの（カリガラス），Naが多量に含有されるもの（ソーダ石灰ガラス），Pbが多量に含有されるもの（鉛珪酸塩ガラス）の大きく3種に大別することができる．カリガラス，ソーダ石灰ガラスは合わせてアルカリ珪酸塩ガラスと称されている．奈良文化財研究所では，イメージングプレートを用いたX線コンピューテッドラジオグラフィー（XCR）とオートラジオグラフィー（AR）により，大量に出土したガラスビーズを効率よくカリガラス，ソーダ石灰ガラスおよび鉛珪酸塩ガラスの3種に分類する

Chapter 8 　古代ガラスの分析

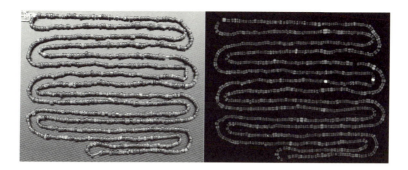

図 8.1 　X線コンピューテッドラジオグラフィー（XCR）による鉛含有ガラスの識別
Pb 含有率が高いほど白く写り込む

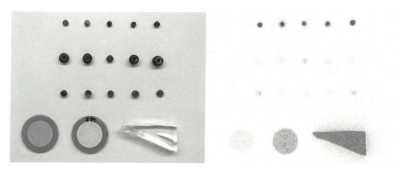

図 8.2 　オートラジオグラフィー（AR）によるカリガラスの検出
K 含有率が高いほど黒く写り込む

方法を考案した．同じ色調のガラスビーズをイメージングプレートの上に並べてX線透過撮影を行うと，鉛珪酸塩ガラスはアルカリ珪酸塩ガラスに比べてX線を透過しにくいため，大量のガラスビーズの中からまず鉛珪酸塩ガラスを分別することができる（図8.1）．一方，カリガラスとソーダ石灰ガラスはAR法により分別できる．カリガラスには放射性同位体の^{40}Kが含まれており，わずかではあるが放射線が放出されている．この微弱な放射線をイメージングプレートにより検出することで，カリガラスとソーダ石灰ガラスを分別することが可能である（図8.2）．このようにして大きく3種に分別したガラスビーズに対して蛍光X線分析，X線回折分析，ラマン分光分析，鉛同位体比の測定などを行うことで，原料産地の推定や材料の流通について考察することができる．

8.2

飛鳥寺 塔心礎出土 ガラス玉

奈良県明日香村にある飛鳥寺は，日本で最も古い本格的な寺院の一つとして知られている．その歴史は 6 世紀末の崇峻朝，推古朝にまで遡る．昭和 31〜32（1956〜1957）年に行われた発掘調査では，一塔三金堂という特異な伽藍配置を有する大寺院であったことが明らかにされ，塔心礎†の埋納品をはじめとした多くの遺物が出土した[3]．史料，出土品および伽藍配置などから，飛鳥時代の日本と朝鮮半島との関係性，さらには古代東アジアのダイナミックな交流の実態を窺い知ることができる．

飛鳥寺の塔は建久 7（1196）年の落雷で焼失し，翌年に舎利‡が掘り出されたとされている．塔跡の発掘調査では，この鎌倉時代に埋納された舎利容器と石櫃が発見され，さらにその下層で心礎と創建当初のものと考えられる埋納品が発見された．この埋納品の中には，多くのガラス玉類も含まれていた．これらのガラス玉類は埋納年代を確定することができる可能性を秘めた資料群である．以下に，田村らの報告を基に調査結果の概要を紹介する[4]．

顕微鏡観察と XCR により製作技法を検討したところ，完形品について，引き伸ばし法によるものが 1959 点，変則的な引き伸ばし法によるものが 535 点，鋳型法によるものが 214 点，二次的な巻き付け法によるものが 4 点あり，破片ではあるものの連珠法（重層）によるものが 2 点あることが明らかとなった．

また，蛍光 X 線分析を行った結果（表 8.1），飛鳥寺心礎出土ガラスはすべ

---

† 　五重塔などの仏塔の心柱を据える礎石．柱を据えるための穴や舎利を納めるための穴が穿たれていることが多い．

‡ 　亡くなった釈迦の遺骨のこと．実際には，釈迦の遺骨を入手することは困難であることから，遺骨に見立てた宝石などを舎利として塔の心礎などに埋納してあることが多い．

てがアルカリ珪酸塩ガラスで，鉛ガラスは含まれていないことが明らかになった．ガラスの構成成分から，出土ガラスはカリガラスとソーダガラスに大別することができ，カリガラスは Al_2O_3 含有量が少なく CaO が多い南インド産のカリガラス（PI）の特徴を有することがわかった．また，ソーダガラスについては，南アジアから東南アジア産と考えられる Al_2O_3 含有量が大きいソーダガラス（SⅡB），Al_2O_3 含有量が少なく CaO が多いメソポタミア地域もしくは中央アジア地域産の特徴を有する植物灰ガラス（SⅢB，SⅢC），さらには MgO，K_2O 含有率が比較的少ない南インド産もしくは東南アジア産の特徴と共通するソーダガラス（SⅣ）に分類できることも明らかになった．

さらに，ガラス玉に含まれている結晶性の顔料に対してラマン分光分析を行ったところ，黄色ないしは黄緑色のガラス玉からスズ酸鉛が含まれていることも突き止められた．

以上の結果，飛鳥寺塔心礎出土のガラス玉類はいずれも，古墳時代後期までに海外から日本列島に流入したものであり，すべてのガラス玉が飛鳥寺創建当初の埋納物であると判断された．飛鳥時代は百済から仏教が伝来した時代である．今後，周辺諸国のガラス玉の分析が進むことで，さまざまな産地のガラス玉がどのようなルートをたどって飛鳥の地までたどり着いたのか，明らかとなる日が来るものと期待される．

日本に最初に伝えられたガラスは，弥生時代前期の鉛バリウムガラスといわれている．
弥生時代後期までにはカリガラスが，それに続いてソーダガラスが伝えられたと考えられているんだ．

表 8.1　飛鳥寺心礎出土ガラスの蛍光 X 線分析結果

製作技法	基礎ガラス	色調	着色剤		Na₂O	MgO	Al₂O₃	SiO₂	K₂O	CaO	TiO₂	MnO	Fe₂O₃	CoO	CuO	PbO	Rb₂O	SrO	ZrO₂	SnO₂
											重量濃度 (%)									
	PI	紺	Co	平均 (n=23)	0.9	0.6	3.1	80.1	9.1	1.9	0.25	2.29	1.38	0.03	0.04	0.03	0.03	0.03	0.09	–
				標準偏差 (σ)	0.4	0.2	0.6	5.2	4.9	1.1	0.06	0.51	0.43	0.03	0.04	0.02	0.01	0.01	0.04	–
		淡青	Cu	平均 (n=294)	18.5	0.7	9.4	63.2	2.8	2.8	0.41	0.07	1.32	0.02	0.59	0.05	0.01	0.04	0.11	–
				標準偏差 (σ)	2.8	0.2	1.6	3.0	0.9	1.2	0.07	0.02	0.44	0.01	0.18	0.03	0.01	0.01	0.04	–
		濃青	Cu+Mn	平均 (n=410)	17.6	0.5	6.5	66.9	2.0	2.6	0.46	0.44	1.32	0.02	1.16	0.04	0.02	0.03	0.11	–
				標準偏差 (σ)	3.8	0.2	1.0	4.4	0.5	0.7	0.12	0.10	0.28	0.01	0.27	0.03	0.03	0.06	0.05	–
		黒①	Cu+Mn	平均 (n=18)	9.2	0.8	5.6	73.8	2.1	1.6	0.67	1.40	2.64	0.01	1.51	0.34	0.01	0.04	0.17	0.06
				標準偏差 (σ)	7.1	0.2	1.0	4.4	0.8	0.3	0.08	0.17	0.42	0.01	0.34	0.10	0.01	0.02	0.06	–
		黒②	Fe	平均 (n=57)	12.5	0.9	10.2	67.0	2.5	3.7	0.66	0.08	1.92	0.02	0.06	0.02	0.02	0.05	0.16	–
				標準偏差 (σ)	3.1	0.3	0.9	2.9	0.7	1.0	0.17	0.02	0.45	0.03	0.06	0.01	0.02	0.02	0.07	–
		黄褐	Fe	平均 (n=5)	17.2	0.4	8.6	63.5	2.6	1.9	0.74	0.04	4.39	0.04	0.12	0.02	0.02	0.04	0.13	–
				標準偏差 (σ)	4.1	0.1	0.4	4.7	0.8	0.4	0.09	0.01	0.87	0.02	0.11	0.01	0.02	0.05	0.06	–
		紫褐	Mn	平均 (n=14)	19.0	0.7	9.8	61.7	1.8	4.1	0.45	0.50	1.54	0.01	0.06	0.02	0.02	0.05	0.10	–
				標準偏差 (σ)	2.3	0.3	1.3	2.2	0.8	0.8	0.08	0.12	0.21	0.01	0.04	0.01	0.02	0.01	0.05	–
引き伸ばし	SIIB	黄	スズ酸鉛	平均 (n=256)	17.6	0.7	8.3	65.5	2.0	2.0	0.49	0.06	1.32	0.02	0.03	1.17	0.01	0.03	0.09	0.39
				標準偏差 (σ)	1.4	0.3	1.6	4.7	0.6	0.8	0.14	0.02	0.45	0.01	0.03	0.40	0.01	0.01	0.03	0.15
		黄緑	Cu+スズ酸鉛	平均 (n=27)	17.3	0.7	8.1	65.6	2.2	1.9	0.47	0.07	1.28	0.02	0.81	0.99	0.01	0.03	0.10	0.31
				標準偏差 (σ)	1.1	0.1	1.8	2.5	0.7	0.6	0.10	0.02	0.34	0.02	0.21	0.28	0.01	0.01	0.04	0.10
		橙	酸化銅コロイド	平均 (n=17)	14.4	0.9	8.9	61.2	1.8	2.9	0.46	0.08	2.44	0.06	5.78	0.34	0.03	0.05	0.12	0.23
				標準偏差 (σ)	1.4	0.1	0.4	1.5	0.1	0.2	0.03	0.02	0.80	0.06	1.79	0.09	0.01	0.01	0.08	0.07
		赤褐	金属銅コロイド	平均 (n=2)	16.1	0.9	9.8	63.5	2.4	3.0	0.65	0.10	1.92	0.04	0.99	0.08	0.03	0.05	0.12	–
				標準偏差 (σ)	3.1	0.0	0.8	0.9	0.1	0.1	0.15	0.01	0.25	0.01	0.02	0.07	0.01	0.01	0.07	–
		白	不明	平均 (n=30)	15.2	0.9	8.2	69.2	1.8	1.8	0.61	0.07	1.85	0.03	0.04	0.04	0.02	0.03	0.11	–
				標準偏差 (σ)	2.8	0.2	2.3	4.9	0.5	1.2	0.19	0.01	0.26	0.01	0.02	0.04	0.01	0.01	0.05	–
		紺	Co	平均 (n=2)	16.9	0.7	6.1	67.5	1.8	4.5	0.35	0.19	1.38	0.09	0.10	0.04	0.01	0.05	0.11	–
				標準偏差 (σ)	2.0	0.0	0.1	1.8	0.0	0.3	0.01	0.08	0.06	0.01	0.01	0.01	0.01	0.00	0.03	–
	SIIIB	紺	Co	平均 (n=30)	15.7	3.0	2.9	67.3	2.3	6.5	0.21	0.24	1.37	0.09	0.14	0.08	0.01	0.04	0.07	–
				標準偏差 (σ)	5.1	1.3	0.4	4.9	0.6	1.1	0.07	0.13	0.28	0.03	0.03	0.03	0.01	0.01	0.05	–
	SIV	紺	Co	平均 (n=9)	15.2	0.6	2.6	72.6	0.9	4.6	0.25	1.72	0.94	0.08	0.03	0.03	0.01	0.04	0.09	–
				標準偏差 (σ)	1.3	0.1	0.5	1.5	0.2	0.8	0.08	0.45	0.29	0.03	0.01	0.01	0.01	0.01	0.02	–
	SIIIC	紺	Co	平均 (n=481)	16.8	4.7	3.4	63.5	3.1	6.4	0.12	0.05	1.03	0.04	0.14	0.23	0.01	0.03	0.07	–
				標準偏差 (σ)	1.2	0.4	0.4	1.3	0.7	0.5	0.02	0.01	0.14	0.01	0.09	0.08	0.01	0.01	0.04	–
		濃緑	Cu	平均 (n=26)	13.9	4.6	2.9	63.7	2.7	7.2	0.12	0.04	0.91	0.01	1.65	0.91	0.01	0.03	0.09	0.73
				標準偏差 (σ)	5.1	0.5	0.5	0.7	0.2	0.3	0.02	0.01	0.07	0.01	0.14	0.19	0.01	0.01	0.06	0.27
		紫褐	Mn	平均 (n=5)	13.4	4.1	3.7	65.1	2.9	7.3	0.17	2.06	0.98	0.01	0.08	0.05	0.02	0.04	0.11	–
				標準偏差 (σ)	1.4	0.3	0.7	0.4	0.1	0.5	0.04	0.42	0.14	0.00	0.03	0.02	0.01	0.01	0.02	–
		黄	スズ酸鉛	平均 (n=5)	14.1	4.2	2.2	65.6	2.8	6.8	0.09	0.05	0.58	0.01	0.05	2.39	0.01	0.04	0.07	0.76
				標準偏差 (σ)	0.8	0.5	0.1	1.4	0.2	0.4	0.01	0.00	0.02	0.00	0.03	0.16	0.01	0.01	0.03	0.20
変則引き伸ばし	SIIIC	黄緑色	Cu+スズ酸鉛	n=1	16.2	5.4	1.8	63.3	3.0	7.0	0.07	0.05	0.46	0.01	0.54	1.36	0.00	0.03	0.06	0.51
		淡青色	Cu	n=1	13.2	4.0	2.3	67.6	2.7	7.2	0.09	0.02	0.68	0.01	0.91	0.32	0.01	0.04	0.06	0.46

Chapter 8 古代ガラスの分析

8.3

追戸横穴墓群出土 斑点紋トンボ玉

　宮城県涌谷町にある追戸横穴墓群（7世紀後半～8世紀前半）からは，我が国でも珍しい同心円紋をもったガラス玉が出土している（口絵14）．いわゆる「トンボ玉」と言われるガラス玉であるが，同心円紋を有するトンボ玉の出土例は日本ではこの遺跡以外では香川県奥白方出土の一例が報告されているだけである．奈良文化財研究所では，このトンボ玉がどのように作られたのかを，実体顕微鏡およびマイクロX線CTによる観察と蛍光X線分析ならびにX線回折分析の非破壊的手法を用いて明らかにした[5]．

　まず，このトンボ玉に施されている同心円紋は，紺色のガラス棒の外周に白色のガラス層を有する同心円状のガラス棒を短く切ったものを，本体となる紺色透明のガラス玉の表面に熔着したものであることを明らかにした．孔のX線CT画像断面図を見ると，孔の一方の端部において斑点紋が巻き込まれるように深部に入っていること，ならびにその反対側の端部では斑点紋が孔によって切られていることから，全体に斑点紋を施した後，穿孔されていることがわかった．インドネシアのジャワ島でも西アジアのトンボ玉を模倣して作られたものが出土しているが，これらは孔の両端面において紋様が孔に向かって伸びていることが特徴であり，両端面にくびれを入れて切断したものと考えられ，追戸横穴墓出土のトンボ玉とは製作技法が異なるものである．

　本体のガラス玉は紺色透明ではあるが，一部に淡緑色透明を呈する部分も存在しており，不均一な組成を有していることが見て取れる．また，斑点紋の白色線にも太い線と細い線が存在している．蛍光X線分析の結果，すべてAl_2O_3含有量が少ないソーダガラスであることが明らかとなった．これは地中海周辺に特有のソーダガラス，すなわち「ナトロンガラス」とよばれるものと組成が近く，「西のガラス」が使われていることが示唆された．「ナトロン」とは乾燥

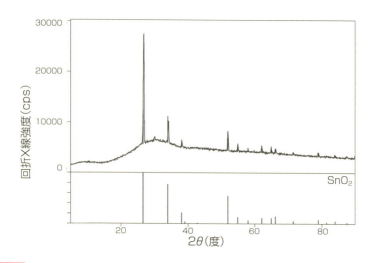

図 8.3 斑点紋トンボ玉の白色線部分の X 線回折分析

地帯で生成される蒸発塩の一種で，Natron（$Na_2CO_3 \cdot 10H_2O$）や Trona（$Na_3(CO_3)(HCO_3) \cdot 2H_2O$）などの混合物の総称であり，これらをソーダ原料として使用したものがナトロンガラスと称されている．ちなみに，MgO や K_2O 含有量が多いソーダガラスは，ソーダ原料として植物灰が使用されることから植物灰ガラスとよばれている．

　本体の紺色部分からは主成分として Co が検出され，微量の Cu と Pb も検出されたが，この含有成分もまた「西のガラス」と共通するものである．また，本体のガラス玉の淡緑色部分と斑点紋の白色線は植物灰ガラス，細い白色線をもつ斑点紋の内側部分はナトロンガラスと植物灰ガラスの中間的な組成をもつガラスであることも明らかとなり，異種のガラスを複合して製作されていることがわかった．斑点紋の白色線部分からは X 線回折分析により SnO_2 が検出され（図 8.3），SnO_2 を白色顔料として添加して白色不透明ガラスを作り出していることも明らかになった．

　以上の分析結果からは，追戸横穴墓群のトンボ玉は起源の異なる複数の「西のガラス」を用いて作られていると考えられる．韓国においても類似したトンボ玉が出土しており，これらについてはインドネシアのジャワ島産の可能性が

指摘されている．出土地の異なるトンボ玉について，その共通点と相違点を分析化学的調査によって明らかにすることが今後の課題である．

参考文献

1）肥塚隆保，田村朋美，大賀克彦："材質とその歴史的変遷"，月刊文化財，**566**，pp.13–25（2010）
2）K. Oga, T. Tamura,：Ancient Japan and the Indian Ocean Interaction Sphere：Chemical Compositions, Chronologies, Provenances and Trade Routes of Imported Glass Beads in Yayoi–Kofun Period（3rd Century BCE–7th Century（CE）．*Journal of Indian Ocean Archaeology*, **9**, pp.35–65（2013）
3）奈良国立文化財研究所編：『飛鳥寺発掘調査報告』，奈良国立文化財研究所（1958）
4）奈良文化財研究所飛鳥資料館編：『飛鳥資料館研究図録第 19 冊　飛鳥寺跡出土遺物の研究　ガラス玉類の考古科学的研究』，奈良文化財研究所飛鳥資料館（2016）
5）田村朋美，星野安治："宮城県追戸横穴墓出土トンボ玉の自然科学的研究"，奈良文化財研究所紀要，pp.38–39（2014）

ナトロンの起源は古代エジプトにまでさかのぼることができるんだ．
干上がった塩湖の湖底から採取していたといわれ，せっけんや洗剤，あるいは防腐剤や殺虫剤としても使われていたらしいよ．

索　引

【数字】

$2CuCO_3 \cdot Cu(OH)_2$ ·······················36
$2PbCO_3 \cdot Pb(OH)_2$ ·······················36
^{40}K ···91

【欧字】

AES ···27
$Al_2O_3 \cdot 2SiO_2 \cdot 2H_2O$ ·······················36
AMS ································ 23, 28
AR ···································· 25, 90
As_2S_3 ···36
ATP 測定 ························· 23, 31
C14 年代測定 ················· 23, 28
$CaCO_3$ ····························· 36, 37, 61
$CuCO_3 \cdot Cu(OH)_2$ ················ 36, 61
DNA 解析 ························· 23, 31
EPMA ······························· 22, 26
Fe_2O_3 ···36
$Fe_2O_3 \cdot nH_2O$ ······················ 36, 61
$Fe_4[Fe(CN)_6]_3$ ·····························42
FT-IR ······························· 23, 27
GC ······································· 23, 27
GC-MS ······························· 23, 27
Hg_2Cl_2 ···37
HgS ···36
IC ······································· 23, 27
ICP-AES ···························· 22, 26
ICP-MS ···26
L*a*b*表色系 ······································52
LC ······································· 23, 27
LC-MS ··23
Pb_3O_4 ····························· 36, 61
PbO ··36
PyGC-MS ···27
SEM ···24
THz ···55

THz-TDS ··56
THz 時間領域分光法 ·····················56
THz 波イメージング ········ 22, 25, 57
XCR ···90
XRD ···26
XRF ···26
X 線 CT ····························· 22, 25
X 線回折分析 ·················· 23, 26
X 線コンピューテッドラジオグラフィー
···90
X 線透過撮影 ············ 22, 25, 55, 91

【あ】

藍 ······································· 36, 43
アクティブサンプリング ················30
飛鳥寺 ···92
飛鳥美人 ···48
アデノシン三リン酸 ·····················31
アマルガム鍍金 ·······························81
荒川経 ···77
イオンクロマトグラフィー ············27
イオンスパッタリング ····················84
出雲神庭荒神谷遺跡出土の銅剣 ·····18
伊藤若冲 ···40
稲荷山鉄剣 ···72
イメージングプレート ····················90
色揚げ ···83
色上げ ···83
色付け ···83
裏彩色 ···44
ウルトラマリン ·································69
永仁の壺事件 ·······································7
液体クロマトグラフィー ················27
エミシオグラフィー ········ 22, 24
沿海地図 ···65
塩化第一水銀 ·····································37
臙脂 ···53

索 引

鉛丹 ……………………………36, 41, 61
鉛白 ……………………………36, 50
追戸横穴墓群 ……………………………95
黄土 ……………………………36, 43, 61
オージェ電子分光分析 ……………23, 27
オートラジオグラフィー ……22, 25, 90
温度計 ……………………………23

【か】

皆春齋御絵具 ……………………………68
可視光反射分光分析 ……………43, 51
ガスクロマトグラフィー ……………27
ガスクロマトグラフ質量分析 ……………27
加速器質量分析 ……………………………28
ガラス ……………………………90
ガラスビーズ ……………………………90
カリガラス ……………………………90
記念物 ……………………………2
金象嵌 ……………………………72
金泥 ……………………………43
国絵図 ……………………………60
燻蒸 ……………………………31
群青 ……………………36, 41, 43, 51
蛍光X線分析 ……………………22, 26
蛍光撮影 ……………………22, 24
蛍光分光分析 ……………………23, 27
源氏物語絵巻 ……………………………34
検知管 ……………………23, 30
絹本 ……………………………40
元禄国絵図 ……………………………62
高周波誘導結合プラズマ質量分析 ……26
高周波誘導結合プラズマ発光分光分析 …26
国宝 ……………………………3
国宝高松塚古墳壁画緊急保存対策検討会
……………………………54
国宝高松塚古墳壁画恒久保存対策検討会
……………………………54
国宝保存法 ……………………………5
古社寺保存法 ……………………………4
胡粉 ……………………36, 37, 61

紺紙金字一切経 ……………………………77
金堂錫杖頭 ……………………………77
コンパスローズ ……………………………65

【さ】

薩摩国絵図 ……………………………61
三貨制度 ……………………………83
試験紙 ……………………………23
試験紙法 ……………………………30
慈光寺経 ……………………………77
漆喰 ……………………………55
実体顕微鏡 ……………………22, 24
湿度計 ……………………………23
鵲尾形柄香炉 ……………………………76
重要文化財 ……………………………3
正倉院宝物 ……………………………77
照度 ……………………………30
照度計 ……………………………23
人工群青 ……………………………69
辰砂 ……………………36, 41, 50
真鍮 ……………………………76
スマルト ……………………………66
青銅 ……………………………81
石黄 ……………………………36
赤外線撮影 ……………………22, 25
赤外分光分析 ……………………23, 27
走査電子顕微鏡 ……………………22, 24
ソーダ石灰ガラス ……………………………90

【た】

代赭 ……………………………43
泰西王侯騎馬図屏風 ……………………………64
高松塚古墳壁画 ……………………………49
鑢石 ……………………………78
データロガー ……………………………29
テラヘルツ ……………………………55
テラヘルツ波イメージング ……25, 57
電子プローブマイクロアナライザー ……26
伝統的建造物群 ……………………………3
天保国絵図 ……………………………62

99

同位体比分析 ……………………23, 28
東京文化財研究所 ………………………8
動植綵絵 ………………………………40
独立行政法人国立文化財機構 …………9
トンボ玉 ………………………………95

【な】

ナトロンガラス ………………………95
鍋島茂義 ………………………………68
鉛珪酸塩ガラス ………………………90
鉛同位体比 ……………………………18
奈良文化財研究所 ………………………9
熱分解ガスクロマトグラフ質量分析 ……27
年輪年代測定 ……………………23, 28

【は】

白土 ………………………………36, 38
肌裏紙 …………………………………46
パッシブサンプリング ………………30
花紺青 …………………………………68
反射分光分析 ……………………23, 27
ハンドヘルド蛍光 X 線分析装置 ………48
非接触 …………………………………12
非破壊 …………………………………12
美福門院願経 …………………………77
平等院鳳凰堂 …………………………79
フェロシアン化鉄 ……………………42
プルシアンブルー ………………42, 43
文化財保護法 ……………………………2

文化的景観 ………………………………3
分光光度計 ………………………23, 30
ベンガラ …………………………36, 41
鳳凰像 …………………………………79
放射化分析 ………………………22, 26
法隆寺献納宝物 ………………………74
法隆寺金堂火災 …………………………5
法隆寺金堂壁画 …………………………6
法華経一品経 …………………………77
保存科学 …………………………………9
ポータブル蛍光 X 線分析装置 ………34

【ま】

マイクロ X 線 CT ……………………95
埋蔵文化財 ………………………………3
増裏紙 …………………………………46
豆板銀 …………………………………84
密陀僧 …………………………………36
民俗文化財 ………………………………2
無形文化財 ………………………………2
毛髪式温湿度計 ………………………29

【や】

有形文化財 ………………………………2
洋人奏楽図屏風 ………………………64

【ら】

ラマン分光分析 …………………23, 27
緑青 ………………………………36, 61

［著者紹介］

早川　泰弘（はやかわ　やすひろ）
　執筆箇所：Chapter 1〜4, 5.1, 6, 7
　1987年　武蔵工業大学大学院工学研究科原子力工学専攻修了
　現　在　東京文化財研究所　保存科学研究センター　副センター長
　　　　　博士（工学）
　専　門　分析化学，文化財保存科学

高妻　洋成（こうづま　ようせい）
　執筆箇所：Chapter 5, 8
　1991年　京都大学大学院農学研究科博士後期課程林産工学専攻単位認定退学
　現　在　奈良文化財研究所　埋蔵文化財センター長
　　　　　博士（農学）
　専　門　文化財保存修復科学

分析化学実技シリーズ
応用分析編　7
文化財分析

Experts Series for Analytical Chemistry
Instrumentation Analysis : Vol.7
Analysis of Cultural Properties

2018年8月30日　初版1刷発行

検印廃止

NDC 433, 709
ISBN 978-4-320-04455-5

編　集　（公社）日本分析化学会　ⓒ2018

発行者　南條光章

発行所　共立出版株式会社
　　　　〒112-0006
　　　　東京都文京区小日向4-6-19
　　　　電話　03-3947-2511（代表）
　　　　振替口座　00110-2-57035
　　　　URL　http://www.kyoritsu-pub.co.jp/

印　刷
製　本　藤原印刷

一般社団法人
自然科学書協会
会員

Printed in Japan

JCOPY ＜出版者著作権管理機構委託出版物＞

本書の無断複製は著作権法上での例外を除き禁じられています．複製される場合は，そのつど事前に，出版者著作権管理機構（TEL：03-3513-6969，FAX：03-3513-6979，e-mail：info@jcopy.or.jp）の許諾を得てください．

分析化学実技シリーズ

(公社)日本分析化学会編

≪編集委員≫原口紘炁(委員長)・石田英之・大谷 肇・鈴木孝治・
関 宏子・平田岳史・吉村悦郎・渡會 仁

本シリーズは、『機器分析編』と『応用分析編』によって構成される。その内容に関する編集方針は、『機器分析編』では個別の機器分析法についての基礎・原理・装置・分析操作・実施例に関する体系的な記述。そして、『応用分析編』では幅広い分析対象ないしは分析試料についての総合的解析手法、および実験データに関する平易な解説である。

【各巻：A5判・並製本・104〜288頁・税別本体価格】

【機器分析編】

❶吸光・蛍光分析
井村久則・菊地和也・平山直紀他著………本体2,900円

❷赤外・ラマン分光分析
………続 刊

❸NMR
田代 充・加藤敏代著………本体2,900円

❹ICP発光分析
千葉光一・沖野晃俊・宮原秀一他著………本体2,900円

❺原子吸光分析
太田清久・金子 聡著………本体2,900円

❻蛍光X線分析
河合 潤著………本体2,500円

❼ガスクロマトグラフィー
内山一美・小森享一著………本体2,900円

❽液体クロマトグラフィー
………続 刊

❾イオンクロマトグラフィー
及川紀久雄・川田邦明・鈴木和将著………本体2,500円

❿フローインジェクション分析
本水昌二・小熊幸一・酒井忠雄著………本体2,900円

⓫電気泳動分析
北川文彦・大塚浩二著………本体2,900円

⓬電気化学分析
木原壯林・加納健司著………本体2,900円

⓭熱分析
齋藤一弥・森川淳子著………本体2,900円

⓮電子顕微鏡分析
………続 刊

⓯走査型プローブ顕微鏡
淺川 雅・岡嶋孝治・大西 洋著………本体2,500円

⓰有機質量分析
山口健太郎著………本体2,700円

⓱誘導結合プラズマ質量分析
田尾博明・飯田 豊・稲垣和三他著………本体2,900円

マイクロ流体分析
………続 刊

バイオイメージング技術
………続 刊

【応用分析編】

❶表面分析
石田英之・吉川正信・中川善嗣他著………本体2,900円

❷化学センサ・バイオセンサ
………続 刊

❸有機構造解析
関 宏子・石田嘉明・関 達也他著………本体2,900円

❹高分子分析
大谷 肇・佐藤信之・高山 森他著………本体2,900円

❺食品分析
中澤裕之・堀江正一・井部明広著………本体2,700円

❻環境分析
角田欣一・上本道久・本多将俊他著………本体2,900円

❼文化財分析
早川泰弘・高妻洋成著………本体2,500円

❽ナノ粒子計測
一村信吾他著………2018年11月発売予定

放射光(SOR)分析の基礎と応用
………続 刊

放射能計測の基礎と応用
………続 刊

工業材料分析
………続 刊

※価格、続刊の巻数、書名は予告なく変更される場合がございます。

http://www.kyoritsu-pub.co.jp/   共立出版 https://www.facebook.com/kyoritsu.pub